高|等|学|校|计|算|机|专|业|系|列|教|材

网页设计与制作
（第4版）

赵旭霞　刘素转　刘文胜　编著

清华大学出版社
北　京

内 容 简 介

本书主要围绕 Web 标准的三大关键技术(HTML 5、CSS 3 和 JavaScript)介绍网页编程的必备知识及 Dreamweaver 2020 软件的相关操作,全面系统地介绍网页制作、设计、规划的基本知识,以及网站设计、开发的完整流程。本书共 11 章,涵盖的内容主要有网站建设流程以及相关术语、HTML 以及基本标签、Dreamweaver 2020 软件的操作、CSS、JavaScript 脚本语言等。每章最后都给出了上机实践和习题,能够有效地帮助读者理解所学习的理论知识,系统全面地掌握网页制作技术。本书从使用者实际操作的角度结合具体实例,使读者在循序渐进地学习 Dreamweaver 2020 软件使用的同时,掌握网页设计相关的技术。

本书结构编排合理,图文并茂,实例丰富,可作为高等学校相关专业网页设计与制作课程的教材,也可作为 Web 前端开发人员的参考书。

图书在版编目(CIP)数据

网页设计与制作/赵旭霞,刘素转,刘文胜编著. —4 版. —北京:清华大学出版社,2023.12(2024.10重印)
高等学校计算机专业系列教材
ISBN 978-7-302-64942-7

Ⅰ.①网… Ⅱ.①赵… ②刘… ③刘… Ⅲ.①网页制作工具－高等学校－教材 Ⅳ.①TP393.092.2

中国国家版本馆 CIP 数据核字(2023)第 214958 号

责任编辑:龙启铭 常建丽
封面设计:何凤霞
责任校对:徐俊伟
责任印制:沈 露

出版发行:清华大学出版社
  网 址:https://www.tup.com.cn,https://www.wqxuetang.com
  地 址:北京清华大学学研大厦 A 座   邮 编:100084
  社 总 机:010-83470000   邮 购:010-62786544
  投稿与读者服务:010-62776969,c-service@tup.tsinghua.edu.cn
  质量反馈:010-62772015,zhiliang@tup.tsinghua.edu.cn
  课件下载:https://www.tup.com.cn,010-83470236
印 装 者:三河市龙大印装有限公司
经 销:全国新华书店
开 本:185mm×260mm 印 张:14.5 字 数:359 千字
版 次:2013 年 3 月第 1 版 2023 年 12 月第 4 版 印 次:2024 年 10 月第 2 次印刷
定 价:49.00 元

产品编号:093040-01

前言

互联网的迅速发展,使人们进入一个前所未有的信息化社会。作为互联网的主要组成部分,网站得到广泛的应用。企业、公司和机构通过网站宣传自己的技术和产品,个人通过网站展示自己的风采,人们从不同的网站获取所需的信息。网页是网站的主要组成部分,因此网页设计与制作技术越来越受到关注,可以说网页设计与制作已经成为信息时代必备的技能之一。为满足社会的需求,目前,网页设计与制作已经成为许多本、专科院校计算机专业及越来越多的非计算机专业学生必须掌握的基本技能之一。

本书的主要内容

本书分为 11 章,内容概括如下。

第 1 章:介绍网络基础知识及相关术语、Web 发展、网站制作常用软件,以及网站建设的基本流程。

第 2、3 章:熟悉 Dreamweaver 2020 软件的工作环境,了解 Dreamweaver 2020 中站点的相关知识并能熟练地创建本地站点。

第 4～6 章:讲解 Dreamweaver 2020 制作简单网页的基本方法,以及基本网页元素的创建,如文本设置、多种超级链接、图像以及图像地图等。

第 7 章:讲解表格的基础知识,使用 Dreamweaver 2020 创建表格的基本操作,最后讲解如何利用嵌套表格以及布局表格进行网页布局。

第 8 章:介绍基本表单页面的制作技术。

第 9 章:介绍浮动框架技术,以及如何在网页中添加音频、视频等多媒体元素。

第 10 章:讲解 CSS 的基础知识和使用。

第 11 章:介绍 JavaScript 脚本语言的基础知识,以及在 Dreamweaver 2020 中通过"行为"面板添加典型行为。

本书的主要特色

本书结构清晰,从概念到方法,再从方法到实践,从使用者实际操作的角度结合实例使读者循序渐进地学会使用 Dreamweaver,掌握网页设计的方法和技巧。

在内容上,从基础性、实用性、易掌握性出发,重点突出、内容丰富。希望读者重点学习,掌握网页设计与制作的方法,不拘泥于网页制作工具的学习。

另外,各章最后都给出了有针对性的上机实践和习题,通过实际上机操作和习题解答使读者掌握基本操作方法知识点,同时方便教师组织教学。

本书的使用对象

本书结构编排合理,图文并茂,实例丰富,可作为本、专科院校计算机专业以及非计算机专业的网页制作课程教材,也可作为 Web 前端开发人员的参考书。

本书由赵旭霞、刘素转、刘文胜编写。其中,第 1、3、5、7、9、10 章由赵旭霞编写,第 4、6、8 章由刘素转编写,第 2、11 章由赵旭霞、刘文胜共同编写。

由于编者水平有限,书中难免有不足和疏漏之处,恳请读者批评指正。

编　者

2023 年 4 月

目录

网页制作基础知识

随着 Internet 的迅速发展和日益普及,网页制作与网站建设已经不再是网页设计师的专利,个人爱好者也可以完成网站的建设,尤其是静态网站的建设。网页的制作和网站的建设需要多种软件相互配合,需要了解相关的基础知识。本章首先从 Internet 以及 WWW 基础知识开始,接下来介绍网页与网站的概念,引入构成网页的基本元素,然后介绍目前流行的网页制作工具,最后介绍网站建设的流程。

1.1 网络基础知识

1.1.1 Internet 简介

1. Internet 起源

Internet 由不同地区规模大小不一的网络互相连接而成,是一个全球性的计算机互联网络,一般翻译为"国际互联网"或"因特网"。

1969 年,美国国防部高级研究计划局(DARPA)为了将美国几个军事以及研究部门所有的计算机主机连接起来,开始建立一个命名为 ARPANET 的网络(即 Internet 的前身)。

Internet 使计算机用户不再局限于分散的计算机上,同时,也使他们脱离了特定网络的约束。任何人只要进入 Internet,就可以利用网络中的各种计算机上的丰富资源。

目前,Internet 已发展为多元化,不仅仅单纯为科研服务,正逐步进入日常生活的各个领域。近年来,Internet 在规模和结构上都有了很大的发展,已经发展成为一个名副其实的"全球网"。

当前全球网民数量已经有了长足的进步,不过仍然有更大的增长空间。国际互联网数据统计网站"互联网统计数据"(Internet World Stats)显示,截至 2021 年 12 月 31 日,全球网民数量已经突破 53 亿。在当前的互联网用户群体中,亚洲地区用户数量最多,约有 29 亿。

1994 年 4 月 20 日,我国实现与 Internet 的全功能连接,这是我国进入互联网时代的起点,从此我国被国际上正式承认为有互联网的国家。之后,ChinaNet、CERnet、CSTnet、ChinaGBnet 等多个互联网络项目在全国范围相继启动,互联网开始进入公众生活,并在我国得到迅速的发展。

中国互联网络信息中心(China Internet Network Information Center,CNNIC)公布的统计报告显示,截至 2023 年 6 月,我国网民规模已达 10.79 亿人,互联网普及率进一步提升,达到 76.4%。我国网站(域名注册者在中国境内的网站)数量为 383 万个,其中".CN"网站总数为 225 万个。

2. Internet 服务

Internet 提供各种各样的信息和资源，通过网络的连接来共享和使用。实际上，Internet 是一个集合了多种服务的平台，常用的服务有下面几种。

（1）WWW 服务。WWW 是一个集文本、图像、声音、影像等多种媒体的最大的信息发布服务，同时具有交互式服务功能，是目前用户获取信息的最基本手段。Internet 的出现产生了 WWW 服务，而 WWW 的产生又促进了 Internet 的发展。目前，Internet 上 Web 服务器的数量已无法统计，越来越多的组织机构、企业、团体甚至个人，都建立了自己的 Web 网站和页面。1.1.2 节将对 WWW 进行详细介绍。

（2）电子邮件（E-mail）。Internet 提供的电子邮件服务，使得电子邮件的写信、收信、发信都在计算机上完成。从发信到收信的时间以秒计，而且电子邮件几乎是免费的。邮件可以包括各种形式的媒体，只要知道收信人的邮箱地址，就可快速传送。

（3）网上交际。网上交际已经完全突破传统的交友方式，全世界不同性别、年龄、身份、职业、国籍、肤色的人，都可以通过 Internet 成为好朋友，不用见面就可以进行各种各样的交流。“网友”已经成为一个使用频率很高的名词。

（4）电子商务。在网上进行贸易已经成为现实，而且发展迅速。例如，可以开展网上购物、网上商品销售、网上拍卖、网上货币支付等。足不出户，可以完成商品的选购、付款，非常便捷，而且网购的商品往往价格低廉。我国目前影响较大的网上交易系统有淘宝网（http://www.taobao.com）、亚马逊中国（http://www.amazon.com.cn）、京东（http://www.jd.com）等。

（5）FTP 服务。FTP 是 File Transfer Protocol（文件传输协议）的缩写。FTP 服务使得使用者可以从一台计算机向另一台计算机传输文件。通常，登录远程主机要取得进入主机的授权许可。而匿名（anonymous）FTP 是专门将某些文件供浏览者使用的系统。浏览者可以通过 anonymous 用户名使用这类计算机，不要求使用口令。

（6）远程登录 Telnet。Telnet 是 Internet 提供的原始服务之一。Telnet 允许使用者通过本地计算机登录到远程计算机，而不用关心远程计算机的具体位置。只要拥有远程计算机的账号，就可以使用远程计算机的各种资源，包括程序、数据库和其上的各种设备，如同本地操作一样。

Internet 还有很多其他的应用，如远程教育、远程医疗等。

1.1.2　WWW 简介

WWW 是 World Wide Web 的缩写，中文名字常写作“万维网”。

WWW 是一个由许多互相链接的超文本文档组成的系统，通过互联网访问。它通过统一资源定位符（Uniform Resource Locator，URL）标识其中的资源，这些资源通过超文本传输协议（Hypertext Transfer Protocol）传送给使用者，使用者通过单击链接获得资源。

WWW 起源于 CERN（欧洲粒子物理实验室）。1989 年 3 月，实验室的研究员蒂姆·伯纳斯-李（Tim Berners-Lee）撰写了“关于信息化管理的建议”一文，文中描述了一个精巧的管理模型。1990 年 11 月，他和罗伯特·卡里奥合作提出一个更加正式的关于万维网的建议，随后编写了第一个网页，以实现其想法。1991 年 8 月 6 日，他在 alt.hypertext 新闻组上贴了万维网项目简介的文章。这一天也标志着因特网上 WWW 公共服务的首次亮相。

蒂姆·伯纳斯-李还将超文本嫁接到 Internet 上。他发明了一个全球网络资源唯一认证的系统——统一资源标识符。蒂姆·伯纳斯-李被称为"万维网之父"。

WWW 和其他超文本系统有很多不同之处。WWW 上只需要单项连接,而不是双向连接,这使得任何人可以在资源拥有者不做任何行动情况下连接该资源。与早期的网络系统相比,这一点对于减少实现网络服务器和网络浏览器的困难至关重要。1993 年 4 月 30 日,CERN 宣布 WWW 对任何人免费开放,并不收取任何费用。WWW 的发明者蒂姆·伯纳斯-李于 1994 年 10 月在麻省理工学院计算机科学实验室成立了万维网联盟(World Wide Web Consortium,W3C),又称为 W3C 理事会。

WWW 使得全世界的人们以史无前例的巨大规模相互交流。相距遥远的人们,可以通过网络发展亲密的关系或者使彼此的思想境界得到升华,甚至改变他们对待小事的态度以及精神。WWW 成为目前 Internet 上最为流行的信息传播方式。

1.1.3　浏览器

通常所说的浏览器(browser)是对网页浏览器的简称,它是一种万维网服务的客户端浏览程序软件,可向万维网或局域网络服务器等发送各种请求,并对从服务器发来的超文本信息和各种多媒体数据格式进行解释、显示和播放。使用浏览器软件,浏览者可迅速且轻易地浏览各种资讯,尽享网上冲浪的乐趣。

网页浏览器主要通过 HTTP 与网页服务器进行交互并获取网页。这些网页文件在互联网中的位置由 URL 指定,文件格式通常为 HTML。一个网页文件中可以包括多个文档,每个文档都分别从服务器获取。大部分浏览器软件除 HTML 外,还支持广泛的格式,例如 JPEG、PNG、GIF 等图像格式,并且能够扩展支持众多的插件(plug-in)。另外,许多浏览器还支持其他的 URL 类型及其相应的协议,如 FTP、Gopher、HTTPS(HTTP 的加密版本)。

目前,个人计算机上常见的网页浏览器包括 Internet Explorer(IE)、Edge、Firefox、Safari、Opera、Chrome、GreenBrowser、360 安全浏览器、搜狗高速浏览器等。

浏览器已经成为最经常使用到的客户端程序。随着互联网的发展,浏览器作为互联网的入口,已经成为各大软件巨头的必争之地。截至 2021 年 4 月,市场上主要有以下几种浏览器。

1. Firefox 浏览器

Firefox 现在是市场占有率第三的浏览器,仅次于 Google(谷歌)公司的 Chrome 和苹果公司的 Safari。Firefox 的中文名通常称为"火狐"或"火狐浏览器"(正式缩写为 Fx,非正式缩写为 FF),是一个开源网页浏览器,使用 Gecko 引擎,支持多种操作系统,如 Windows、macOS 和 Linux。

据 2021 年 4 月浏览器统计数据,Firefox 浏览器在世界范围内的浏览器市场占有率中占比为 3.59%,排名第三。

2. Chrome 浏览器

Chrome 是由 Google 公司开发的网页浏览器。该浏览器是基于其他开源软件开发的,包括 WebKit,目标是提升稳定性、速度和安全性,并创造出简单且有效率的用户界面。软件的名称来自称为 Chrome 的网络浏览器图形用户界面（GUI）。2021 年 4 月的浏览器调查报告显示，Chrome 在浏览器市场占有率的市场占比为 64.47%，排名第一，已成为全球使用最广的浏览器。

3. Safari 浏览器

Safari 是一款由苹果开发的网页浏览器，是各类苹果设备（如 Mac、iPhone、iPad、iPod Touch）的默认浏览器。Safari 使用的是 WebKit 浏览器引擎，在浏览器市场占有率的市场占比为 18.69%，排名第二。

4. Opera 浏览器

Opera 是由 Opera Software 公司开发的网页浏览器，其浏览速度世界最快。

5. 搜狗浏览器

搜狗浏览器是首款给网络加速的浏览器，可明显提升公网与教育网的互访速度（2～5倍），通过业界首创的防假死技术，使浏览器运行快捷、流畅且不卡不死，具有自动网络收藏夹、独立播放网页视频、Flash 游戏提取操作等多项特色功能，并且兼容大部分用户使用习惯，支持多标签浏览、鼠标手势、隐私保护、广告过滤等主流功能。

1.1.4　IP 地址和域名

1. IP 地址

IP 是英文 Internet Protocol 的缩写，意思是"网际互联协议"，也就是为计算机网络相互连接进行通信而设计的协议。在 Internet 中，它是能使连接到网上的所有计算机网络实现相互通信的一套规则，规定了计算机在因特网上进行通信时应当遵守的规则。任何厂家生产的计算机系统，只要遵守 IP 就可以与因特网互连互通。正是因为有了 IP，因特网才得以迅速发展成为世界上最大的、开放的计算机通信网络。因此，IP 也可以称为"因特网协议"。

通过邮局发邮件时，必须知道对方的地址，这样邮递员才可以根据收信地址把邮件送到正确的地址。同样，使用电话（手机）通话时，电话（手机）用户是靠电话（手机）号码识别的。类似地，在 Internet 中为了区别不同的计算机，需要给连接在互联网上的计算机指定一个联网专用号码，这个号码就是 IP 地址。

Internet 上的每台主机（host）都有一个唯一的 IP 地址。IP 就是使用这个地址在主机之间传递信息，这是 Internet 能够运行的基础。IP 地址的长度为 32 位，分为 4 段，每段 8位，用十进制数字表示，每段的数字范围为 0～255，段与段之间用句点隔开。例如 159.226.1.1。IP 地址由两部分组成：一部分为网络地址；另一部分为主机地址。IP 地址分为 A、B、C、D、E 5 类，常用的是 B 和 C 两类。

所有的 IP 地址都由国际组织 NIC（Network Information Center，网络信息中心）负责统一分配，目前全世界共有以下 3 个这样的网络信息中心。

- InterNIC：负责美国及其他地区；
- ENIC：负责欧洲地区；
- APNIC：负责亚太地区。

2. 域名

由于 IP 地址是数字标识，使用时难以记忆和书写，因此在 IP 地址的基础上又发展出一种符号化的地址方案,来代替数字型的 IP 地址。这个与网络上的数字型 IP 地址相对应的字符型地址就称为域名。每个符号化的地址都与特定的 IP 地址对应,这样网络上的资源访问起来就比较方便了。域名不仅便于记忆,而且即使在 IP 地址发生变化的情况下,通过改变解析对应关系,域名也可保持不变。

以域名 www.baidu.com 为例,它由两部分组成,baidu 是这个域名的主体,而最后的 com 则是该域名的后缀,表示这是一个 com 国际域名,是顶级域名。

英文域名格式如下:域名由各国文字的特定字符集、英文字母、数字及“-”(即连字符)组合而成,但开头及结尾均不能是“-”,域名中的字母不分大小写。级别最低的域名写在最左边,而级别最高的域名写在最右边。目前域名已经成为互联网的品牌、网上商标保护的对象之一。

近年来,一些国家纷纷使用采用本民族语言(如德语、法语等)构成的域名。中国也开始使用中文域名。中文域名的格式如下:各级域名长度限制在 26 个合法字符(汉字,英文字母 a~z 和 A~Z、数字 0~9 和“-”等均算作一个字符);不能是纯英文或数字域名,至少应有一个汉字。“-”不能连续出现。但可以预计的是,在中国今后相当长的时期内,以英语为基础的域名(即英文域名)仍然是主流。

1) 域名分类

域名可分为不同级别,包括顶级域名、二级域名等。顶级域名又分为以下两类。

(1) 国家顶级域名(national top-level domain names),目前 200 多个国家或地区都按照 ISO 3166 国家代码分配了顶级域名,例如中国是 cn,美国是 us,日本是 jp 等。

(2) 国际顶级域名(international top-level domain names),例如,表示工商企业的 com,表示网络提供商的 net,表示非营利组织的 org 等。目前,大多数域名争议都发生在 com 的顶级域名下,因为多数公司上网的目的都是为了营利。为加强域名管理,缓解域名资源的紧张,Internet 协会、Internet 分址机构及世界知识产权组织(WIPO)等国际组织经过广泛协商,在原来 3 个国际通用顶级域名的基础上,新增加了 7 个国际通用顶级域名,即 firm(公司企业)、store(销售公司或企业)、web(突出 WWW 活动的单位)、arts(突出文化、娱乐活动的单位)、rec(突出消遣、娱乐活动的单位)、info(提供信息服务的单位)、nom(个人),并在世界范围内选择新的注册机构来受理域名注册申请。

在实际使用和功能上,国际顶级域名与国家顶级域名没有任何区别,都是互联网上的具有唯一性的标识。只是在最终管理机构上,国际顶级域名由美国商业部授权的互联网名称与数字地址分配机构(The Internet Corporation for Assigned Names and Numbers,ICANN)负责注册和管理,而国家顶级域名 cn 和中文域名系统则由 CNNIC 负责注册和管理。

二级域名是指顶级域名之下的域名,在国际顶级域名下,它是指域名注册人的网上名称,例如 ibm、yahoo、microsoft 等;在国家顶级域名下,它表示注册企业类别的符号,例如 com、edu、gov、net 等。

中国在国际互联网络信息中心正式注册并运行的顶级域名是 cn,这也是中国的一级域名。在顶级域名之下,中国的二级域名又分为类别域名和行政区域名两类。中国的域名体系也遵照国际惯例,包括类别域名和行政区域名两类。

类别域名共有 7 个,按照申请机构的性质划分。

- ac：科研机构；
- com：工业、商业、金融等企业；
- edu：教育机构；
- gov：政府部门；
- mil：军事机构；
- net：互联网络、接入网络的信息中心（NIC）和运行中心（NOC）；
- org：各种非营利性的组织。

行政区域名是按照中国的各个行政区划分的，其划分标准依照原国家技术监督局发布的国家标准而定，包括"行政区域名"34个，适用于中国的各省、自治区、直辖市和特别行政区。

2）域名注册

域名注册遵循先申请先注册原则，管理机构对申请人提出的域名是否违反了第三方的权利进行审查。同时，每个域名的注册都是独一无二、不可重复的。因此，在网络上，域名是一种相对有限的资源，它的价值将随着注册企业的增多而逐步为人们所重视。

注册域名之后，如何才能看到自己的网站内容？这就需要域名解析。域名注册好之后，只说明对这个域名拥有了使用权，如果不进行域名解析，这个域名就不能发挥作用。经过解析的域名可用来作为电子邮箱的后缀，也可用来作为网址访问该网站，因此域名投入使用的必备环节是"域名解析"。要访问互联网上的一台服务器，最终还必须通过IP地址来实现，域名解析就是将域名重新转换为IP地址的过程。一个域名只能对应一个IP地址，而多个域名可以同时被解析到一个IP地址。域名解析需要由专门的域名解析服务器完成。

3）域名解析器

域名解析器是把域名转换成主机所在IP地址的中介。通常，上网时，输入一个域名地址，计算机首先会向域名解析服务器搜索对应的IP地址，服务器找到对应值之后，会把IP地址返回给浏览者的浏览器，这时浏览器根据这个IP地址发出浏览请求，这样才完成了域名寻址的过程。操作系统会把浏览者常用的域名IP地址对应值保存起来，经常浏览这些网站时，就可以直接从系统缓存里提取对应的IP地址，从而加快访问网站的速度。

4）域名转发

域名转发的作用是将一个域名指向另外一个已存在的网站，英文称为"URL Forwarding"。域名转发服务对拥有一个主网站并同时拥有多个域名的用户尤其适用，通过域名转发服务，就可以轻松实现多个域名指向一个网站或网站子目录；另外，通过域名转发服务，可以方便地实现把中文域名自动转发到英文域名主网站。

5）域名备案

域名备案是指有网站的域名（没有网站的域名不需要备案）应向国家工业和信息化部提交网站的相关信息。域名备案的目的是为了防止在网上从事非法的经营活动，打击不良互联网信息的传播。根据中华人民共和国信息产业部第十二次部务会议审议通过的《非经营性互联网信息服务备案管理办法》精神，在中华人民共和国境内提供非经营性互联网信息服务，应当办理备案。未经备案，不得在中华人民共和国境内从事非经营性互联网信息服务。对没有备案的网站予以罚款或关闭。

1.1.5 HTTP

Internet 遵循的一个重要协议是 HTTP（Hyper Text Transfer Protocol，超文本传输协议）。HTTP 是用于传输 Web 页的客户端/服务器协议。它详细规定了浏览器和万维网服务器之间互相通信的规则。当浏览器发出 Web 页请求时，此协议将建立一个与服务器的连接。当连接畅通后，服务器将找到请求页，并将它发送给客户端，信息发送到客户端后，HTTP 将释放此连接。此协议可以接受并服务大量的客户端请求。

1.1.6 统一资源定位符

统一资源定位符（URL）是用于完整地描述 Internet 网页和其他资源地址的一种标识方法。Internet 的每个网页都具有一个唯一的名称标识，通常称为 URL 地址，这种地址可以是本地磁盘，也可以是局域网上的某一台计算机，更多的是 Internet 网站。简单地说，URL 就是 Web 地址，即网页地址，俗称"网址"。URL 是统一的，因为它们采用相同的基本语法，无论寻址哪种特定类型的资源（网页、新闻组），或描述通过哪种机制获取该资源。对于 Internet 服务器或万维网服务器上的目标文件，可以使用 URL 地址（该地址以"http://"开始）。例如，http://www.microsoft.com/ 为 Microsoft 公司的万维网 URL 地址。

URL 由 4 部分组成：协议类型、主机名、端口号和路径。

1. 协议类型

协议（protocol）类型指定使用的传输协议。最常用的是 HTTP，它也是目前 WWW 中应用最广的协议。下面列出协议属性的有效方案名称。

- file，资源是本地计算机上的文件，格式为 file://。
- ftp，通过 FTP 访问资源，格式为 ftp://。
- gopher，通过 Gopher 协议访问资源。
- http，通过 HTTP 访问资源，格式为 http://。
- https，通过安全的 HTTPS 访问资源，格式为 https://。
- mailto，资源为电子邮件地址，通过 SMTP 访问，格式为 mailto：。

2. 主机名

主机名（hostname）是指存放资源的服务器的域名系统（DNS）机器名或 IP 地址。有时，在主机名前也可以包含连接到服务器所需的用户名和密码（格式为 username：password）。

3. 端口号

端口（port）号为整数，可选，省略时使用方案的默认端口，各种传输协议都有默认端口，如 http 的默认端口为 80。如果输入时省略，则使用默认端口号。有时出于安全或其他考虑，可以在服务器上对端口进行重定义，即采用非标准端口号，此时在 URL 中就不能省略端口号这一项。

4. 路径

路径（path）是由零个或多个"/"符号隔开的字符串，一般用来表示主机上的一个目录或文件地址。

典型的统一资源定位符看上去是这样的：

```
http://library.cup.edu.cn/do/list.php? fid=3&dbtype=5
```

其中，http 是协议；library. cup. edu. cn 是服务器；/do/list. php 是路径；? fid＝3＆dbtype＝5 是询问。绝大多数网页内容是超文本传输协议文件，所以大多数网页浏览器不要求用户输入 http://部分。

1.2　网页、网站相关术语简介

1.2.1　网页

网页（Web page）是 WWW 服务中最主要的文件类型。网页是一种存储在 Web 服务器（网站服务器）上，通过 Web 进行传输，并被浏览器所解析和显示的文件类型，其内容由 HTML 编写而成。

网页通常存储在互联网的某一台服务器上，通过网址或者 URL 描述其具体存放位置。浏览者在客户端浏览器的地址栏中输入网址后，通过网址获取指定的网页文件，然后再通过浏览器解释网页文件，最后呈现在浏览者面前。

1. HTML

HTML 指的是超文本标记语言。需要注意的是，HTML 不是一种编程语言，而是一种标记语言（markup language）。标记语言是一套标记标签（markup tag）。HTML 是一种专门用于 Web 页制作的标记语言，它描述超文本各部分的内容，告诉浏览器如何显示文本，怎样生成与其他文本或图像的链接点。HTML 文档由文本、格式化代码和导向其他文档的超级链接组成。

2. 超级链接

超级链接是从一个网页指向另一个目的端的链接，目的端通常是另一个网页，也可以是一幅图片、一个电子邮件地址、一个文件、一个程序或者相同网页的不同位置。超级链接是网页中一种非常重要的功能，是网页中最重要、最根本的元素之一。

3. 超文本

超文本（hypertext）是用超级链接的方法把各种不同空间的文字信息组织在一起的网状文本。超文本更是一种用户界面范式，用以显示文本以及与文本相关的内容。超文本普遍以电子文档方式存在，其中的文字包含可以连接到其他位置或者文档的链接，允许从当前阅读位置直接切换到超文本链接所指向的位置。超文本的格式有很多，目前最常使用的是超文本标记语言及富文本格式（Rich Text Format，RTF）。我们日常浏览的网页上的链接都属于超文本。

超文本技术是一种按信息之间的关系，非线性地存储、组织、管理和浏览信息的计算机技术。超文本技术将自然语言文本和计算机交互地转移或动态显示线性文本的能力结合在一起，它的本质和基本特征就是在文档内部和文档之间建立关系，正是这种关系实现了文本以非线性形式的组织。概括地说，超文本就是收集、存储所浏览的离散信息，以及建立和表现信息之间关联的技术。

超文本是由若干信息结点和表示信息结点之间相关性的链接构成的一个具有一定逻辑结构和语义关系的非线性网络。

4. 构成网页的基本元素

网页可以组织和展示各种多媒体素材,常见的媒体元素主要有文本、图形、图像、声音、动画和视频图像等。要学习网页设计与制作,首先要认识网页,了解网页中的常见元素,只有这样,才能更加合理地组织和安排网页内容。文字与图片是构成网页的两个最基本元素。除此之外,网页的元素还包括动画、音乐、程序等。下面分别介绍网页的各种元素及其在网页中的作用。

1)文本

文本(text)指由字符(如字母、数字等)组成的符号串,例如句子、段落、文章等。可以使用文本编辑软件(如记事本、写字板、Word 等编辑工具)制作文本。文本是最重要的信息载体,是网页发布信息所用的主要形式。文本虽然没有图像对浏览者的吸引力强,但能准确地表达信息的内容和含义,而且用文本制作的网页占用空间小,浏览时,可以很快地展现在用户面前。当然,没有经过编排修饰的纯文字网页,会给人死板的感觉,使得人们不愿意再往下浏览。为了克服这一缺点,可以设置网页文本的一些属性,例如字体、字号、颜色、底纹和边框等,通过文本的不同格式,突出显示重要的内容。此外,用户还可以在网页中设计各种各样的样式,包括标题的字体、字号,内容的层次样式,文字列表和颜色变换等,这些将给网页中的文本赋予新的生命力。

☞提示:非格式化文本文件或纯文本文件指的是文本文件中只有文本信息,没有其他任何有关格式的信息;格式化文本文件指的是带有各种文本排版等格式信息的文本文件。

2)图形

图形(graphic)也称为矢量图,一般指由计算机生成的直线、任意曲线、圆弧、矩形等几何图和统计图等。图形文件中只存储生成图的算法和图上的某些特征点。图形主要用于表示线框型的图画、工程制图、美术字等。可以分别控制处理图中的各部分,并且在进行移动、旋转、放大、缩小、扭曲等操作时图形不失真。图形适用于描述轮廓不是很复杂,色彩不是很丰富的对象,如几何图形、工程图纸、CAD、3D 造型软件等。

3)图像

图像(image)是指由输入设备捕捉的实际场景画面,或以数字化形式存储的任意画面,是由像素点阵构成的位图。图像用数字描述像素点、强度和颜色。描述图像的信息文件存储量较大,所描述对象在缩放过程中会损失细节或产生锯齿。在显示时,是指对象以一定的分辨率将每个点的色彩信息以数字化方式呈现,可直接快速在屏幕上显示。分辨率和灰度是影响图像显示的主要参数。图像适用于表现含有大量细节(如明暗变化、场景复杂、轮廓色彩丰富等)的对象,如照片、绘图等,通过图像软件可进行复杂图像的处理,以得到更清晰的图像或产生特殊的效果。

4)音频

人类能听到的所有声音(包括噪声)都称为音频(audio)。声音经录制后,可以通过数字音乐软件处理。音频是多媒体网页的一个重要组成部分,网页中常用的音频文件格式有MIDI、WAV、MP3 和 AIF 等。不同格式的音频文件可以用不同的方式添加到网页中。用户在使用这些格式的文件时,需要加以区别。很多浏览器不用插件,就可以支持 MIDI、

WAV 和 AIF 格式的文件,而 MP3 和 RM 格式的声音文件则需要专门的播放器来播放。

需要注意的是,在给网页添加音频文件之前,需要考虑文件的用途、文件的大小、声音品质和浏览器的差别等因素。不同浏览器对声音文件的处理方法不同,彼此之间很可能不兼容。

5) 视频

视频(video)泛指将一系列静态影像以电信号方式加以捕捉、记录、处理、存储、传送和重现。由于人类肉眼的视觉暂留原理,当连续的图像变化每秒超过 24 帧(frame)画面以上时,看上去就是平滑连续的视觉效果,这种连续的画面就称为视频。互联网的发展使得视频文件在网络上得到广泛使用,不仅可以在网页中播放视频文件,甚至还出现了很多著名的视频网站,如优酷、土豆、YouTube 等。

1.2.2 网站

网站(Web site)是指在因特网上根据一定的规则,使用相应软件工具制作的用于展示特定内容的相关网页以及资源(如图像、视频、音频等)的集合。在逻辑上,可以把整体上的相关网页文件以及资源的集合称为网站。

由此可见,网页是网站的基本组成要素。一个大型网站(如新浪网)可能含有数以百万计的网页,而一个小的企业网站或者个人网站可能只有几个网页。

网站与网页的区别在于,网站是一个总体,而网页是个体。我们说访问某个网站,实际上是访问某个网站的某些网页。

1.2.3 主页

主页是指一个网站的主索引页,是令浏览者了解网站概貌并引导其调阅重点内容的向导。它是网站的重中之重,是网站的灵魂。主页设计要求在保障整体感的前提下,根据大多数人的阅读习惯,以色彩、线条、图片等要素将导航条、各功能区,以及内容区进行分隔。

主页设计采用客户的既定标准色,注重协调各区域的主次关系,以营造高易用性与视觉舒适性的人机交互界面为终极目标。

通常,主页文件的名称是 index 或者 default,其扩展名一般是.htm 或.html。

主页应该具备的基本内容包括页眉、信息、页脚、联系信息、版权信息等。通常,网页的主页也是网站的首页。

1.3 Web 发展概述

1989 年,在欧洲粒子物理实验室工作的蒂姆·伯纳斯-李提出了一项提议:使来自世界各地的远程站点的研究人员能够组织和汇集信息,在个人计算机上访问大量的科研文献,并建议在文档中链接其他文档,这就是 Web 的原型。

1994 年年底,由蒂姆·伯纳斯-李牵头的万维网联盟(World Wide Web Consortium)成立,这标志着万维网正式诞生。

此时的网页以 HTML 为主,是纯静态的网页,网页是"只读"的,信息流只能通过服务器到客户端单向流通。静态网页不具有交互性,并且网页文件发布后,如需更新,只能通过网站设计软件重新进行设计和更改。这类网页文件通常是以.htm 或.html 为后缀的文件，俗称 HTML 文件。静态网页页面上的内容和格式一般不会改变，只有网络管理员才能根据需要更新页面。

为了使得 Web 更加充满活力，动态页面技术相继诞生。动态网页发布后，不需人为干涉，通过网页脚本与语言，可以自动生成或者更新网页。其使用的具体制作技术有 ASP.NET 技术、JSP 技术、PHP 技术等，其文件后缀名依次为.aspx、.jsp 和.php。动态网页的内容随着用户的输入和互动而有所不同，或者随着用户、时间、数据修正等而改变。网页上的内容也可以由用户通过使用客户端描述语言（JavaScript、JScript、ActionScript）来改变。

2014 年 10 月，W3C 正式发布 HTML 5.0 推荐标准。随着 HTML 5.0 的流行，前端的代码逻辑逐渐变得复杂起来，架构在前端逐渐使用。

1.4　网站制作常用软件

如果使用者熟练掌握 HTML、JavaScript 客户端脚本语言，以及 CSS 技术，则可以选择直接编写 HTML 源代码的软件，例如 EditPlus、Windows 的记事本、VSCode 等，这显然并不适合初学网页制作者使用。初学者建议选择 Adobe 公司的 Dreamweaver 2020，它是行业领先的 Web 内容制作软件，使用 Dreamweaver 2020 制作的网站可以达到专业水平。

1. 记事本

记事本是网页制作工具中最简单、快捷的软件，适合于熟悉 HTML 代码的设计者。记事本并不是网页开发者的首选工具，但确实是必备的辅助工具。

启动记事本软件，在记事本窗口输入下面的代码：

```
<html>
<head>
    <title>欢迎光临!</title>
</head>
<body>你好呀!
</body>
</html>
```

保存该文件到 E:\mywebsite 文件夹中，取名为 index.htm（注意，文件的扩展名一定为.htm 或.html；如果没有 mywebsite 文件夹，请先创建）。然后双击 index.htm 文件，在 IE 浏览器中即可预览其效果。

2. EditPlus

EditPlus 是一款小巧但是功能强大的可处理文本、HTML 和程序源代码的编辑器，可以通过软件相关设置，将其作为 C、Java、PHP 等语言的一个集成开发环境（IDE）。

对许多程序员来说，Windows 下最好的文本编辑器莫过于 EditPlus，它界面简洁，启动速度快，支持语法高亮显示，支持代码折叠，多文档编辑，配置功能强大，比较容易使用，扩展也比较强，而且具有英文拼写检查、自动换行、列数标记、垂直选择、搜寻等功能。EditPlus 提供了与 Internet 的无缝连接，可以在 EditPlus 的工作区域中打开 Internet 浏览窗口。

此外，EditPlus 还是一个好用的 HTML 编辑器。

在 EditPlus 中设计网页与编辑一个文档没什么两样。选择 File→New→HTML Page，就可以打开"HTML 页面编辑器"窗口，使用它所提供的工具，就可以直接进行网页的编辑与创作。EditPlus 除可以对直接输入的文字用颜色标记 HTMLTag（同时支持 C/C++、Perl、Java）外，还内建了完整的 HTML 和 CSS 指令功能，甚至可以一边编辑一边浏览页面效果。对于习惯用记事本进行网页编辑的制作者来说，它可节省一半的网页编辑时间。

EditPlus 默认支持 HTML、CSS、PHP、ASP、Perl、C/C++、Java、JavaScript 和 VBScript 等语法高亮显示，通过定制语法文件，可以扩展到其他程序语言，在官方网站上可以下载（大部分语言都支持）：

http://www.editplus.com/

3. Dreamweaver

Dreamweaver 是由 Adobe 公司推出的一款软件，它具有可视化编辑界面，用户不必编写复杂的 HTML 源代码，就可以生成跨平台、跨浏览器的网页，它不仅适合于专业网页编辑人员，同时也容易被业余网友所掌握。即使是初学者，也能制作出相当于专业水准的网页，所以 Dreamweaver 是网页设计者的首选工具。本书中的所有代码均使用 Dreamweaver 2020 制作完成。

1.5 网站建设的基本流程

1. 网站建设前的准备工作

网站建设前期需要确定网站的主题和风格，并收集制作网站所需的素材。建设网站前，首先要对其有明确的定位，即要清楚建设网站的目的和网站的访问对象。根据网站定位，确定网站的主题，收集整理相关网页制作素材，例如图片、音频、视频及相关文字等。

"风格"是抽象的，是指网站的整体形象给浏览者的综合感受。这个"整体形象"包括网站的 CI（标志、色彩、字体、标语）、版面布局、浏览方式、交互性、文字、语气、内容价值等诸多因素，网站可以是平易近人的、生动活泼的，也可以是专业严肃的。不管是色彩、技术、文字、布局，还是交互方式，只要能由此让浏览者明确分辨出这是该网站独有的，就形成了网站的"风格"。

风格是有人性的，通过网站的色彩、技术、文字、布局、交互方式，可以概括出一个网站的个性是粗犷豪放的，还是清新秀丽的；是温文儒雅的，还是执着热情的；是活泼易变的，还是墨守成规的。

总之，有风格的网站与普通网站的区别在于：在普通网站上看到的只是堆砌在一起的信息，只能用理性的感受来描述，比如信息量多少，浏览速度快或慢等；在有风格的网站上，可以获得除内容外更感性的认识，比如网站的品位，对浏览者的态度等。

在明确自己想给人以怎样的印象后，要找出网站中最有特色的东西，就是最能体现网站风格的东西，并以它作为网站的特色加以重点强化、宣传。总之，风格的形成不是一次定位的，可以在实践中不断强化、调整、改进。

2. 创建网站的导航结构

网站的导航结构即网站建设的整体框架设计。确定网站、网页之间的链接关系，应注意链接关系要清晰,并且要有良好的可扩展性,以备将来网站升级时的扩充和修改。

3. 组织文档和数据,进行具体的网站建设

在制作网页之前,应设计出网页的页面结构,即网页的栏目和模块的划分。大多数网站都是用表格布局页面结构的,有时也结合框架技术完成。网站一般先制作的是首页,有时为了制作方便,要设计出风格一致的网页,可能要用到模板。

4. 测试网站

网站制作完成后需要在本地进行测试,本地测试的目的主要是检查网页文件在不同浏览器中的显示效果,以及网页之间或者网页和资源之间是否存在错误链接。

5. 网站建设后要申请域名和主页空间

域名是不可再生资源,域名的申请可以放在网站流程的第一步。但是,一般的企事业单位在制作网页之前已经有可用的域名,这样就可以不进行域名申请。有了域名后,还需要购买网站空间,根据空间大小以及提供的服务等,费用可能相差比较大。

网站空间服务商的专业水平和服务质量是选择网站空间的第一要素。如果选择了质量比较低下的空间服务商,很可能在网站运营中遇到各种问题,甚至经常出现网站无法正常访问的情况,或者出现问题时很难及时得到解决,这样都会严重影响网络营销工作的开展。

第二要素是虚拟主机的网络空间大小、操作系统、对一些特殊功能(如数据库)等是否支持。可根据网站程序所占用的空间以及预计以后运营中所增加的空间选择虚拟主机的空间大小,并应该留有足够的余量,以免影响网站正常运行。一般来说,虚拟主机空间越大,价格相应地越高,因此需在一定范围内权衡,但也没有必要购买过大的空间。虚拟主机可能有多种不同的配置,如操作系统和数据库配置等,需要根据自己网站的功能进行选择,如果可能,最好在网站开发之前就先了解一下虚拟主机产品的情况,以免在网站开发之后找不到合适的虚拟主机提供商。

第三要素是网站空间的稳定性和速度等。这些因素都影响网站的正常运作,需要对其有一定的了解,如果可能,在正式购买之前,要先了解一下同一台服务器上其他网站的运行情况。

第四要素是网站空间的价格。现在提供网站空间服务的服务商有很多,质量和服务也千差万别,价格同样有很大差异。一般来说,著名的大型服务商的虚拟主机产品价格要贵一些,一些小型公司可能价格比较便宜,可根据网站的重要程度决定选择哪种层次的虚拟主机提供商。

☞提示:域名可以通过中国互联网络信息中心(http://www.cnnic.net.cn)申请,还可以通过某些商业网站进行域名的申请和网站空间的购买,例如阿里云旗下的万网(https://wanwang.aliyun.com//)。另外,从网上也可以搜索到免费二级域名和免费主页空间,这对于个人静态网站已经够用了。

6. 网站制作完成后的发布

利用专门的上传软件,将制作好的网站上传到主页空间,最终才能将网站发布到互联网上。CuteFTP就是一款很好的网页上传软件。

7. 网站备案

网站备案是根据国家法律法规网站的所有者需要向国家有关部门申请的备案,主要有

ICP 备案和公安局备案。网站备案的目的就是防止在网上从事非法的网站经营活动,打击不良互联网信息的传播,如果网站不备案,很有可能被查处后关停。

公安局备案一般按照各地公安机关指定的地点和方式进行。ICP 备案是指网站在中华人民共和国工业和信息化部的 ICP/IP 地址/域名信息备案管理系统(https://beian.miit.gov.cn/)备案。备案成功后会得到一个备案号,这样域名就能绑定在申请的虚拟主机空间上了,通过该域名就可以正常访问网站。

8. 网站的宣传

网站要获得更大的访问量,还需要通过搜索引擎、自媒体平台、论坛等多种渠道进行推广和宣传。

1.6　上机实践

一、实验目的

掌握 EditPlus 的基本配置和制作静态网页的步骤。

二、实验内容

使用 EditPlus 制作一个个人网页,它具有空格、多段文字、文本颜色样式设置,以及网页背景色等。(本次实验请下载 EditPlus 5.5 版本。)

三、实验步骤

使用 EditPlus 可以方便地编辑 HTML 网页源码,通过 EditPlus 提供的网页编辑工具栏按钮,或者使用 HTML 语法窗口,可以轻松地在 HTML 文件中编写、插入各种 HTML 语言标志,从而完成一个网页的制作。下面以制作个人网页为例,简要介绍用 EditPlus 编辑制作网页的过程。

要创建新的 HTML 网页文件,选择 File→New 菜单命令,在其子菜单中选择 HTML Page 项,创建一个新的 HTML 文件。这时 EditPlus 自动显现网页编辑工具栏,如图 1.1 所示。

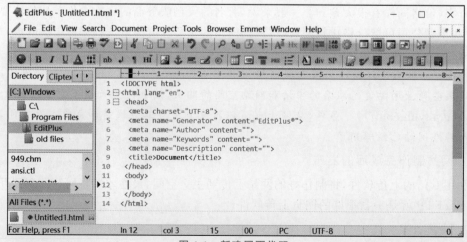

图 1.1　新建网页代码

☞提示：EditPlus 新建的 HTML 文件有一些预置的 HTML 语句是 HTML 网页的文件头和主体框架,后面只在这些预置的语句中添加内容即可。

在新建的 HTML 文件中找到语句＜title＞New Document＜/title＞,将 Document 换成设定的网页名称,例如"个人网页"。

如果需要颜色值,单击 HTML 工具栏中的 HTML Color 工具按钮,在其下拉颜色选框中选择黄色,黄色的颜色代号为＃ffff00,如图 1.2 所示。然后,将光标置于＜body＞与＜/body＞之间,输入文字。

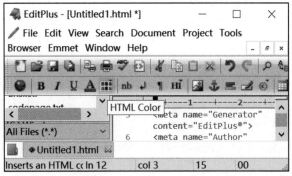

图 1.2　HTML Color 按钮

将光标置于需要添加空格处,单击 Non Breaking Space 按钮,可以添加一个空格,源代码为＆nbsp,如图 1.3 所示。

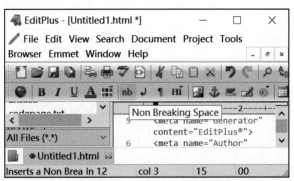

图 1.3　Non Breaking Space 按钮

☞提示：EditPlus 以不同颜色表示各种语法标志,例如,颜色代号的标志字符显示为粉红色,表示可以修改的参数。

将光标移动到选定的字符串上并选中它,单击工具栏中的 Bold 按钮(表示字符显示为黑体字符),如图 1.4 所示。还可以对选中文字设置字体。将光标移动到刚才输入的字符并选中它,单击工具栏中的 Paragraph 按钮,出现字体设置标志＜p＞＜/p＞,将需要设置段落的文本信息放在＜p＞和＜/p＞之间,如图 1.5 所示。

如果需要换行,则将光标移到需要换行处,单击 Break 按钮添加＜br＞换行标志。

单击工具栏中的 Browser 按钮,如图 1.6 所示,就可以在 EditPlus 中查看编辑制作的实际效果了。实际上,使用 EditPlus 可以边写代码边看代码效果,以随时修改编辑的源代码。

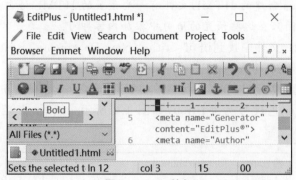

图 1.4　Bold 按钮

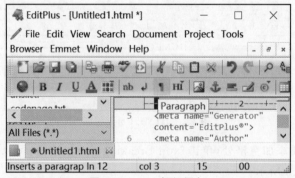

图 1.5　<p>标记添加

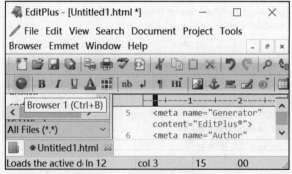

图 1.6　Browser 按钮

1.7 习　　题

一、选择题

1.（　　　）代表国别代码。

  A. center   B. org   C. edu   D. cn

2.（　　　）文件不是网站的主页。

  A. index.html B. default.jsp C. index1.htm D. default.php

3. 在网页设计中,（　　　）是所有页面中的重中之重,是一个网站的灵魂所在。

A. 引导页　　　　　B. 脚本页面　　　　C. 导航栏　　　　　D. 主页面

4. 目前,在 Internet 上应用最为广泛的服务是(　　)。

A. FTP 服务　　　B. WWW 服务　　　C. Telnet 服务　　　D. Gopher 服务

5. (　　)文件属于静态网页。

A. abc.asp　　　　B. abc.doc　　　　C. abc.htm　　　　D. abc.jsp

二、填空题

1. WWW 的英文全称是_____。

2. 写出两种常用的浏览器:_____。

3. IP 地址由_____构成。

4. 中国在国际互联网络信息中心正式注册并运行的顶级域名是_____。

5. URL 是_____。

6. 写出 3 种与网页制作相关的工具软件:_____。

7. URL 的英文全称是_____。

三、简答题

1. Internet 提供了哪些服务?

2. 什么是网页?什么是网站?

3. 构成网页的基本元素有哪些?

4. 常用的网页制作工具有哪些?

5. 一般网站的建设流程有哪些步骤?

6. 输入网站域名,访问到的网页一般是网站的首页。请结合相关术语思考一下为什么显示的是首页,能通过设置显示其他页面吗?

7. 打开搜狐网(http://www.sohu.com)的首页,结合本章内容,列举一下构成搜狐首页文件的基本元素有哪些。

第 2 章

认识 Dreamweaver 2020

本章将带领读者认识 Dreamweaver 2020,了解其用途及新增功能,并熟悉其工作区及一些简单的设置,如自定义工作环境、视图切换等。

2.1　Dreamweaver 2020 简介

Dreamweaver 2020 是世界顶级软件厂商 Adobe 公司推出的 HTML 编辑器和网页设计软件。它拥有直观的可视化编辑界面,可制作并编辑网站和移动应用程序。

Dreamweaver 2020 使用专为跨平台兼容性设计的自适应网格版面系统创建适应性版面。利用更新的“实时视图”和“多屏预览”面板高效创建和测试跨平台、跨浏览器的 HTML 5 内容,在发布前使用多屏幕预览审阅设计。另外,利用增强的 jQuery 和 PhoneGap 支持构建更出色的移动应用程序,并通过重新设计的多线程 FTP 传输工具缩短上传大文件所需的时间。

Dreamweaver 2020 支持代码、拆分、设计、实时视图等多种方式来创作、编写和修改网页,对于初级人员,无须编写大量代码就能快速创建 Web 页面。其成熟的代码编辑工具更适用于 Web 开发高级人员的创作。

2.2　Dreamweaver 2020 的安装、启动和卸载

2.2.1　Dreamweaver 2020 的安装

读者在浏览器地址栏中输入 https://www.adobe.com/cn/products/dreamweaver.html,在打开的页面中根据提示完成 Dreamweaver 2020 的安装,如图 2.1 所示。

单击“免费试用”,出现登录界面,如图 2.2 所示,若没有账号,就需要注册 Adobe Creative Cloud,然后在 Creative Cloud 里购买 Dreamweaver,也可以选择免费试用 7 天。

2.2.2　Dreamweaver 2020 的启动

安装完毕之后,单击“开始”→Adobe Dreamweaver 2020 菜单项,启动 Dreamweaver 2020。Dreamweaver 2020 的启动界面如图 2.3 所示。

首次启动 Dreamweaver 2020,将出现 Dreamweaver 2020 欢迎界面,如图 2.4 所示。

读者可以根据个人情况选择,本书选择“不,我是新手”,出现如图 2.5 所示的界面。这是一个快速入门菜单,该菜单会询问三个问题,基于用户对这些问题的回答,Dreamweaver 会在开发人员工作区(包含最少代码的布局)或标准工作区(具有代码可视化工具和应用程

图 2.1　通过官方网站进入安装页面

图 2.2　登 录 界 面

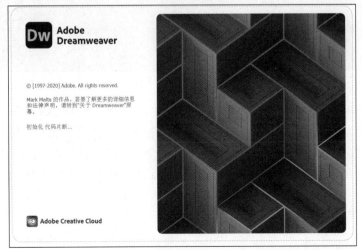

图 2.3　Dreamweaver 2020 的启动界面

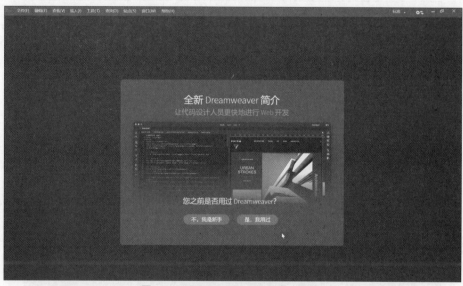

图 2.4 Dreamweaver 2020 欢迎界面

序内预览的拆分布局)中打开。本书选择"标准工作区"。

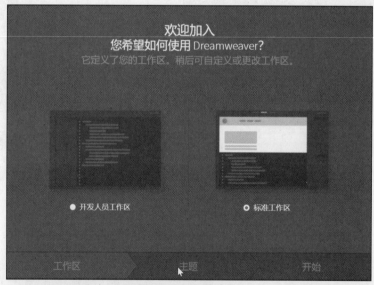

图 2.5 工作区选择

　　选择工作区后,可选择喜欢的颜色主题。如图 2.6 所示,本书考虑环保因素,在印刷时能节省油墨,所以选择最后一项(light)。读者可以按照自己的喜好选择主题。

　　配置完成之后,Dreamweaver 会在启动时或没有打开的文档时显示如图 2.7 所示的开始屏幕。Dreamweaver 中的开始屏幕可让用户快速访问最近使用的文件、文件类型和起始页模板。

- 主页：单击"主页"返回到开始屏幕。
- 学习：单击"学习"可从此屏幕中立即访问 Dreamweaver 教程。
- 快速开始：通过单击显示的任意文件类型,开始在 Dreamweaver 中创建文件。

图 2.6　选择主题

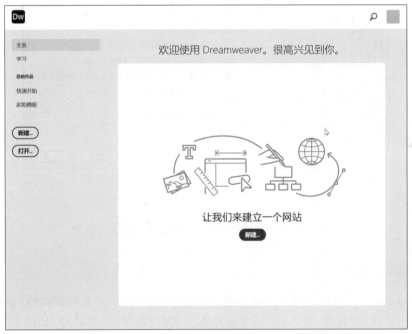

图 2.7　开始屏幕

- 起始模板：使用 Dreamweaver 打开打包的起始模板之一。
- 新建：单击此按钮可以打开"新建文档"对话框，利用它可以快速创建一个新文档。例如，单击 HTML，可以进入 HTML 网页设计状态。
- 打开：单击"打开"按钮，可以打开"打开"对话框，通过该对话框可以选择要编辑的文档。

　　读者可以通过开始屏幕查看最近处理的文件。如果没有任何最近打开的文件，则此选项卡为空。还可以通过使用此屏幕右上角的搜索图标使用搜索功能。当输入搜索查询内容时,该应用程序将显示与搜索查询内容相匹配的最近打开的文件、Creative Cloud 资源、帮助链接和库存图像。

注意:此"开始"屏幕已启用,并且默认情况下处于打开状态。如果不需要"开始"屏幕,请在"首选项"→"常规"对话框中取消选中"显示开始屏幕"。

提示:如果不想每次启动时都显示该界面,可以通过菜单设置,选择"编辑"→"首选项"菜单命令,打开"首选项"对话框,在对话框中选择"常规"选项卡,在"文档选项"中取消勾选"显示开始屏幕",如图 2.8 所示。

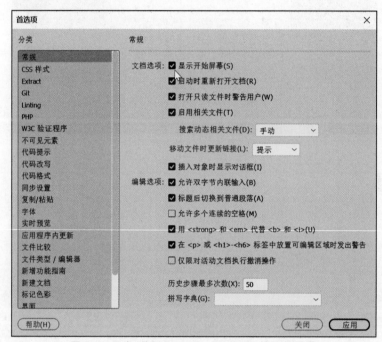

图 2.8　开启/关闭 Dreamweaver 2020 的开始屏幕

2.3　Dreamweaver 2020 的工作区

2.3.1　Dreamweaver 2020 的工作区介绍

Dreamweaver 2020 的工作区主要包括应用程序栏、"文档"工具栏、"文档"窗口、工作区切换器、面板、"代码"视图、状态栏、标签选择器、"实时"视图、工具栏等,如图 2.9 所示。使用 Dreamweaver 工作区,可以查看文档和对象属性。工作区还将许多常用操作放置于工具栏中,以便于快速更改文档。

1. 应用程序栏

应用程序栏位于应用程序窗口顶部,包含一个工作区切换器、9 个菜单,以及其他应用程序控件。用户可以直接在菜单项上单击,然后从打开的菜单中选择相应的菜单命令。另外,也可以通过键盘打开菜单:按下 Alt 键,然后按菜单名称后面括号内的大写字母键。例如,按 Alt＋F 组合键就可以打开"文件"菜单。

(1)"文件"菜单:管理文件,例如新建、打开、保存等,还包含了导入、输出、转存等一些

"文档"窗口 应用程序栏 "文档"工具栏 工作区切换器

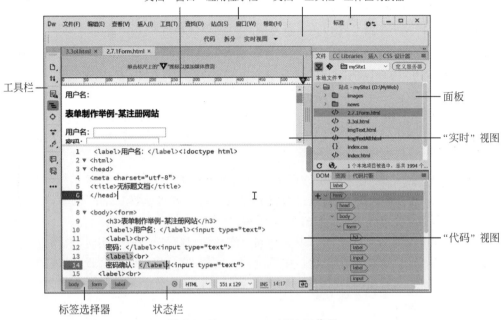

图 2.9 Dreamweaver 2020 工作区

独特的功能。如导入 XML 及表格资料;导入附加样式表、实时预览、验证等。

（2）"编辑"菜单：编辑文本,例如剪切、复制、粘贴、查找、替换和首选项设置等。"首选项"设置中,设计者可以对 CSS 样式、浏览器、字体等参数进行设置。

（3）"查看"菜单：显示代码或拆分、切换视图,以及视图选项设置等。

（4）"插入"菜单：插入各种页面元素,例如图像、表格、日期、超级链接和水平线、特殊字符等。

（5）"工具"菜单：提供了对各种命令的访问,其中"清理 HTML"命令非常有用,它可以清除网页中无用的代码。

（6）"查找"菜单：用于在文档中精确定位特定字符的位置,也可以批量替换某些字符。

（7）"站点"菜单：用于创建和管理站点。设计者制作好网页后,可以通过 Dreamweaver 直接将网页上传到远程的网站服务器上。

（8）"窗口"菜单：用于对 Dreamweaver 2020 中的所有面板、检查器和窗口进行访问。

（9）"帮助"菜单：提供对 Dreamweaver 2020 帮助文件的在线学习。

2. "文档"工具栏

使用"文档"工具栏（见图 2.10）包含的按钮,可以在文档的不同视图（例如,"设计"视图、"实时"视图和"代码"视图）间快速切换。

图 2.10 "文档"工具栏

"代码"视图：仅在"文档"窗口中显示"代码"视图。这是一个用于编写和编辑 HTML、JavaScript 和其他任何类型代码的手动编码环境。

"拆分"视图：在"代码"视图和"实时视图/设计"之间拆分"文档"窗口。

"实时视图"：可以真实地呈现文档在浏览器中的实际样子，读者可以像在浏览器中一样与文档进行交互，也可以在"实时"视图中直接编辑 HTML 元素，并在同一视图中即时预览更改。

"设计"：是一个用于可视化页面布局、可视化编辑和快速应用程序开发的设计环境。在此视图中，Dreamweaver 显示文档的完全可编辑的可视化表示形式，类似于在浏览器中查看页面时看到的内容。

读者也可以使用"查看"菜单中的以下选项在视图之间切换：

如果仅显示"代码"视图，直接选择"代码"命令即可。如果选择"拆分"视图，则选择"拆分"命令并选择具体的拆分选项，如图 2.11 所示。

- Code-Live：可以在一个窗口中看到同一文档的"代码"视图和"实时"视图。
- Code-Design：可以在一个窗口中看到同一文档的"代码"视图和"设计"视图。
- Code-Code：是"代码"视图的一种拆分版本，可以通过滚动方式同时对文档的不同部分进行操作。

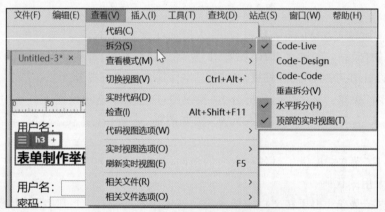

图 2.11　使用"查看"菜单选项切换视图

3. "文档"窗口

"文档"窗口显示当前创建和编辑的文档。读者可通过"代码"视图或"设计"视图，在文档窗口中插入文本、图像、音频和视频文件等内容。

在 Dreamweaver 2020 中可以同时打开多个文档，通过单击"文档"工具栏上方的标签，在不同的文档中进行切换。当"文档"窗口处于最大化状态（默认值）时，"文档"窗口顶部会显示所有打开的文档的文件名。文件名后若带有"＊"，则提示设计者当前文件进行了修改，如图 2.12 所示。保存文件后，文件名后的"＊"会自动消失。

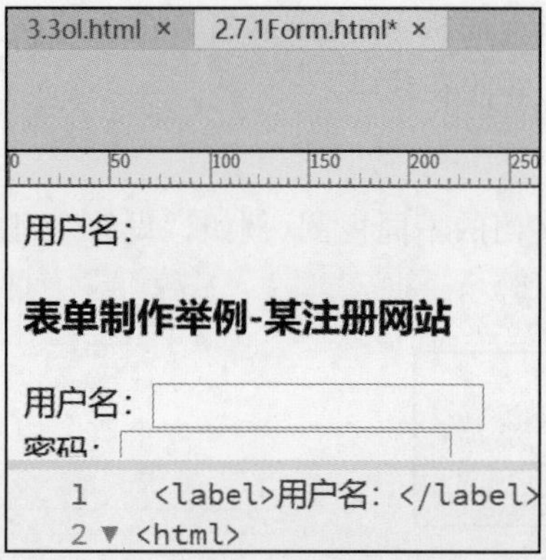

图 2.12　"文档"窗口顶部选项卡

（1）"相关文件"工具栏。

Dreamweaver 还会在文档的选项卡下（如果在单独窗口中查看文档，则在文档标题栏下）显示"相关文件"工具栏，如图 2.13 所示。（相关文档指与当前文件关联的文档，例如 CSS 文件或 JavaScript 文件）。若要在"文档"窗口中打开这些相关文件之一，请在"相关文件"工具栏中单击其文件名。

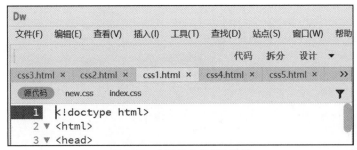

图 2.13 "相关文件"工具栏

文档编辑窗口显示当前正在编辑的文档内容，可通过"代码"视图或"设计"视图，在文档窗口中插入文本、图像、音频和视频文件等内容。

（2）调整"文档"窗口的大小。

"文档"窗口底部的状态栏显示"文档"窗口的当前尺寸（以像素为单位），如图 2.14 所示。若要将页面设计为在使用某一特定尺寸大小时具有最好的显示效果，可以将"文档"窗口调整到任一预定义大小、编辑这些预定义大小，或者创建新的大小。

更改"设计"视图或"实时视图"中页面的视图大小时，仅更改视图大小的尺寸，而不更改文档大小。

除预定义和自定义大小外，Dreamweaver 还会列出在媒体查询中指定的大小。选择与媒体查询对应的大小后，Dreamweaver 将使用该媒体查询显示页面。还可更改页面方向以预览用于移动设备的页面，在这些页面中根据设备的持握方式更改页面布局。

要调整"文档"窗口的大小，请从"文档"窗口底部的"窗口大小"弹出菜单中选择一种大小，如图 2.14 所示。显示的窗口大小反映浏览器窗口的内部尺寸（不包括边框）；右侧列出了显示器大小或移动设备。

图 2.14 调整文档大小选项

如果要更改窗口大小弹出菜单中列出的值，从"窗口大小"弹出菜单中选择"编辑大小"，此时会打开"首选项"对话框，在对话框右侧单击"窗口大小"列表中的任意宽度值或高度值，并键入新值即可，如图 2.15 所示。要使"文档"窗口仅调整为某个特定的宽度（高度保持不变），请选择一个高度值，然后将其删除，反之亦然。读者还可以在"描述"字段中输入关于所添加大小的说明性文本。

提示：如果对调整大小的精确程度要求不高，可使用操作系统标准的调整窗口大小的方法，如拖动窗口的右下角。

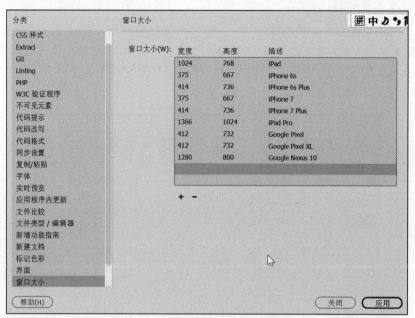

图 2.15　在"首选项"对话框中修改窗口大小

（仅限 Windows）"文档"窗口中的文档在默认情况下是最大化的，文档最大化后，读者无法调整其大小。若要取消最大化文档，单击文档右上角的取消最大化按钮即可。

4. "标准"工具栏

选择"窗口"→"工具栏"→"标准"菜单命令，可以显示"标准"工具栏，如图 2.16 所示。它包含从"文件"和"编辑"菜单执行的常见操作的按钮："新建""打开""保存""全部保存""打印代码""剪切""复制""粘贴""撤销"和"重做"。

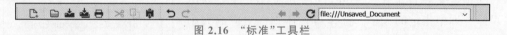

图 2.16　"标准"工具栏

5. 工具栏

工具栏也称通用工具栏，包含可用于执行多种标准编码操作的按钮，例如打开文档、文件管理、应用和删除注释等。工具栏垂直显示在"文档"窗口的左侧，如图 2.17 所示。通过"窗口"→"工具栏"→"通用"菜单命令可以将其隐藏。

工具栏上的按钮是特定于视图的，并且仅在适用于所使用的视图时显示。例如，当正在使用"实时"视图，特定于"代码"视图的选项（例如"格式化源代码"）将不可见。

可以选择根据需要自定义此工具栏，方法是：添加菜单选项或从工具栏中删除不需要的菜单选项。

要自定义工具栏，请执行以下操作：

单击工具栏最下方的"…"，打开"自定义工具栏"对话框，如图 2.18 所示。

在此对话框中选择或取消选择要在工具栏中显示的菜单选项，并单击"完成"按钮以保存工具栏。单击"自定义工具栏"对话框中的"恢复默认值"按钮，可以恢复默认工具栏按钮。

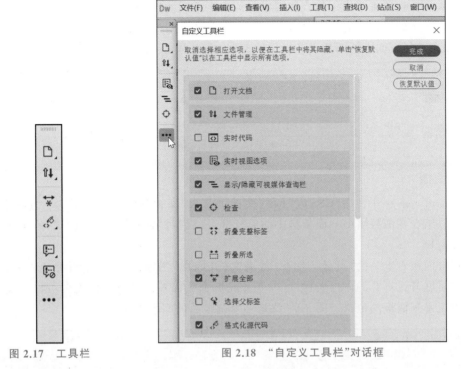

图 2.17　工具栏　　　　　　　　　图 2.18　"自定义工具栏"对话框

6. 状态栏

"文档"窗口底部的状态栏(见图 2.19)提供与正创建的文档有关的其他信息。

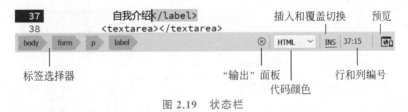

图 2.19　状态栏

(1) 标签选择器:显示环绕当前选定内容的标签的层次结构。单击该层次结构中的任何标签,可以选择该标签及其全部内容。单击 <body> 可以选择文档的整个正文。另外,右击标签选择器,可以弹出快捷菜单,通过该菜单可以对标签进行处理。

(2) "输出"面板:单击此图标,可显示在文档中显示编码错误的"输出"面板。

(3) 代码颜色:从此弹出菜单中选择任意编码语言,以根据编程语言更改要显示的代码的颜色。

(4) 插入和覆盖切换:可以在"代码"视图中工作时切换"插入"模式和"覆盖"模式。

(5) 行和列编号:显示光标所在位置的行号和列号。

(6) 预览:在弹出的子菜单中选择当前在哪种特定浏览器软件中预览其实际效果。

提示:以上(4)、(5)两项仅在"代码"视图和"拆分"视图中可用。

7. 属性检查器

默认情况下,属性检查器位于文档工作区的底部,用户也可以将它变为工作区中的浮动面板。属性检查器主要用于检查和编辑当前选定页面元素（如文本和插入的对象）的最常用属性。页面中的元素都有各自的属性，属性检查器中的内容根据选定的元素会有所不同。例如，如果选择页面上的图像，则"属性检查器"将改为显示该图像的属性，如图2.20所示。

图2.20　属性检查器

8. 面板

Dreamweaver中使用"CSS设计器"面板、"行为"面板和"文件"面板等大量面板，这些面板可以组合在面板组中。面板组中的面板都可以通过"窗口"菜单进行选择，以确定是否显示该面板。

单击面板右上角的"折叠为图标"或者"展开面板"图标，可以轻松折叠或展开面板组。双击需要展开或折叠的面板名称，可以展开或折叠该面板。通过鼠标拖曳可以移动面板组或者重新排列面板的位置。图2.21就是一个调整后的面板界面。

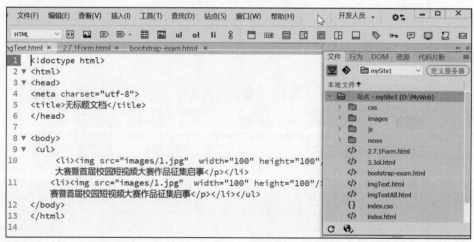

图2.21　实际面板界面示例

图2.22　"插入"面板

下面介绍一些常用的面板。

（1）"插入"面板：包含用于创建和插入对象（如表格、图像和链接）的按钮。这些按钮按几个类别进行组织，如图2.22所示，设计者可以通过从顶端的下拉列表中选择所需类别进行切换。每个对象都是一段HTML代码，允许设计者在插入它时设置不同的属性。例如，读者可以通过单击"插入"面板中的"表格"按钮插入一个表格。可以使用"插入"菜单插入对象，而不使用"插入"面板。

下面对"插入"面板中的各项进行说明。

• HTML：可以创建和插入最常用的HTML元素，例如div标签和对象（如图像和表格）。

- 表单：包含用于创建表单和用于插入表单元素（如搜索、月和密码）的按钮。使用表单可以收集访问问者的信息，完成如注册、登录、订单等功能。
- 模板：用于将文档保存为模块并将特定区域标记为可编辑、可选、可重复或可编辑的可选区域。
- Bootstrap 组件：包含 Bootstrap 组件，以提供导航、容器、下拉菜单以及可在响应式项目中使用的其他功能。
- jQuery Mobile：包含使用 jQuery Mobile 构建站点的按钮。
- jQuery UI：用于插入 jQuery UI 元素，例如折叠式、滑块和按钮。
- 收藏夹：可以将一些常用的按钮对象自定义到收藏夹中。右击该类别面板，在弹出的快捷菜单中选择"自定义收藏夹"命令，可以打开"自定义收藏夹对象"对话框，在该对话框中设计者可以添加收藏夹类别。

（2）"文件"面板：可以查看文件或文件夹，以及执行标准文件维护操作，如打开或移动文件等，这些文件可以是 Dreamweaver 站点的一部分，也可以是远程服务器上的文件，如图 2.23 所示。

（3）"代码片断"面板：设计者可以将多次重复使用的代码块保存为一个代码片断，然后在"代码片断"面板中双击此代码片断，将它插入多个位置，从而减少重复书写。通过"代码片断"面板创建的代码片断可以跨站点重用。

（4）"CSS 设计器"面板：属于 CSS 属性检查器，使设计者能"可视化"地创建 CSS 样式和规则并设置属性和媒体查询。

"CSS 设计器"面板由图 2.24 所示的选项和窗格组成。

图 2.23　"文件"面板

图 2.24　"CSS 设计器"面板

- 全部：此选项列出与当前文档关联的所有 CSS、媒体查询和选择器。您可以筛选所需的 CSS 规则并修改属性。还可以使用此模式创建选择器或媒体查询。此模式对选定内容不敏感。这意味着，当选择页面上的元素时，关联的选择器、媒体查询或

CSS 不会在 CSS Designer 中突出显示。

- 当前：此选项列出当前文档的"设计"或"实时"视图中所有选定元素的已计算样式。在"代码"视图中将此模式用于 CSS 文件时，将显示处于"焦点"状态的选择器的所有属性。此模式是上下文相关的。使用此模式可编辑与文档中所选元素关联的选择器的属性。
    - 源：此窗格列出与文档相关的所有 CSS 样式表。使用此窗格，设计者可以创建 CSS 并将其附加到文档，也可以定义文档中的样式。
    - @媒体：在"源"窗格中列出所选源中的全部媒体查询。如果设计者不选择特定 CSS，则此窗格将显示与文档关联的所有媒体查询。
    - 选择器：在"源"窗格中列出所选源中的全部选择器。如果设计者同时还选择了一个媒体查询，则此窗格会为该媒体查询缩小选择器列表范围。如果没有选择 CSS 或媒体查询，则此窗格将显示文档中的所有选择器。在"@媒体"窗格中选择"全局"后，将显示所选源的媒体查询中不包括的所有选择器。
    - 属性：显示可为指定选择器设置的属性。

提示：选择某个页元素时，在"选择器"窗格中选择最具体的选择器。要查看特定选择器的属性，请在窗格中单击该选择器的名称。

若要查看所有选择器，可以在"源"窗格中选择"所有源"。若要查看不属于所选源中的任何媒体查询的选择器，请在"@媒体"窗格中单击"全局"。

2.3.2　Dreamweaver 2020 参数设置

选择"编辑"→"首选项"菜单命令，打开"首选项"对话框，如图 2.25 所示。

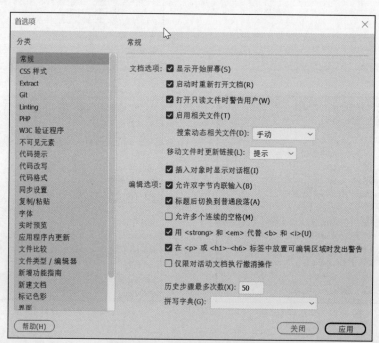

图 2.25　"首选项"对话框

通过设置"首选项"对话框中的属性，可以改变 Dreamweaver 2020 操作环境和界面的整体外观。例如,可以通过设置"常规"参数来控制是否显示欢迎屏幕;可以通过"字体"参数设置均衡字体、固定字体和代码视图字体等。下面介绍设置不可见元素、新建文档和在浏览器中预览参数的方法,其他参数的设置和这些方法类似,设计者可以根据需要自行设置。

1. 不可见元素

单击"分类"栏中的"不可见元素"选项,此时"首选项"对话框如图 2.26 所示。在"显示"列表中勾选某项,当页面中添加相应的对象后,在设计视图中可以显示复选框左侧的图标。例如,在"显示"列表中勾选"脚本"复选框,当给页面添加脚本后,在"设计"视图中就可看到脚本图标。

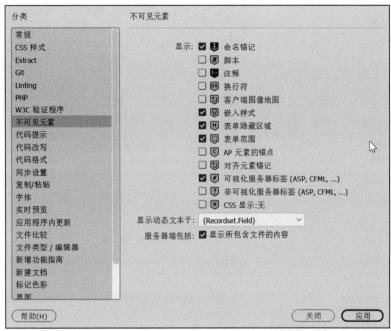

图 2.26 "首选项"对话框中的"不可见元素"设置

2. 新建文档

单击"分类"栏中的"新建文档"选项,此时"首选项"对话框如图 2.27 所示。在"默认文档"下拉列表框内可以选择默认的文档类型,还可以在"默认编码"下拉列表框中选择文档编码类型等。

3. 实时预览设置

在设计过程中,设计者随时需要在浏览器中打开设计的文档,以便查看其设计效果,从而进行修改。Dreamweaver 2020 不但提供了在浏览器中预览的功能,还可以对预览进行一些设置。单击"分类"栏中的"实时预览"选项,此时"首选项"对话框如图 2.28 所示。

"浏览器"栏的显示框内列出了当前可以使用的浏览器。选中某个浏览器,单击 ➖ 按钮可以删除选中的浏览器,单击 ➕ 按钮可以增加选中的浏览器。勾选"主浏览器"复选框,可以设定选择的浏览器为主浏览器。设为主浏览器的浏览器名称后面会显示 F12 功能键,即在设计过程中可以按 F12 功能键预览页面。

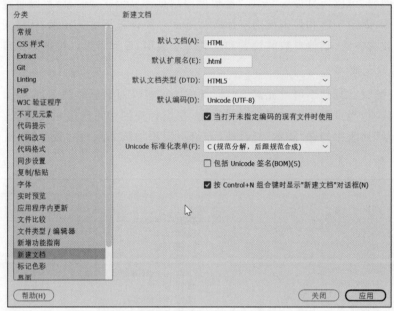

图 2.27　"首选项"对话框中的"新建文档"设置

图 2.28　"首选项"对话框中的"实时预览"设置

2.4　上 机 实 践

一、实验目的

（1）熟悉 Dreamweaver 2020 的工作界面。

（2）熟悉 Dreamweaver 2020 的"首选项"对话框。

二、实验内容

（1）练习 Dreamweaver 2020 的安装、卸载与启动操作。

（2）熟悉 Dreamweaver 2020 的工作界面。

① 菜单栏：Dreamweaver 2020 共有几个主菜单？依次打开每个主菜单，观察其常用菜单项。

② "插入"工具栏：Dreamweaver 2020 的"插入"工具栏包含几个类别？熟悉每个类别的功能。

③ 能自定义"收藏夹"工具栏。

④ "文档"工具栏：熟悉 Dreamweaver 2020 不同工作视图的切换、文档标题的设置，以及在浏览器中预览页面等。

⑤ 文档编辑窗口：能够调整文档编辑窗口的大小。

⑥ 标签选择器：理解标签选择器的作用。

⑦ 状态栏：如何利用状态栏进行文档的缩放等。

⑧ 属性检查器：理解属性检查器会因文档窗口选择对象的不同而有不同的设置项目；学会关闭和显示属性检查器。

⑨ 各种面板，如"CSS 样式""行为"和"文件"等面板的显示与关闭。

（3）熟悉"首选项"对话框。

能利用"首选项"对话框设置 Dreamweaver 2020 界面的某些外观。

在"首选项"对话框中练习以下内容：

① 显示或关闭"起始页"对话框。

② 设置默认文档类型、文档编码格式等。

③ 更改"代码"视图中的文字字体、大小、视图窗口背景色等。

④ 增加或删除浏览器，设置主浏览器。

⑤ 其他一些参数的设置。

2.5　习　　题

一、选择题

1. 默认情况下，启动 Dreamweaver 2020 后会出现欢迎界面，若想在打开 Dreamweaver 2020 时不出现欢迎页面，则应通过（　　）菜单来设置。

    A. 文件　　　　　　B. 编辑　　　　　　C. 视图　　　　　　D. 修改

2. 要设置 Dreamweaver 2020 的外观，需要在（　　）对话框中完成。

    A. 页面属性　　　　B. 属性检查器　　　C. 文档窗口　　　　D. 首选项

3. 在 Dreamweaver 2020 中，若要隐藏所有面板，可以按（　　）键。

    A. F12　　　　　　B. F3　　　　　　C. F4　　　　　　D. F5

4. 在（　　）菜单中，单击不同的命令可以打开不同的面板。

    A. 文件　　　　　　B. 修改　　　　　　C. 命令　　　　　　D. 窗口

5. 在 Dreamweaver 2020 中,若要预览页面设计效果,可以按(　　)键。

　　A. F12　　　　　　B. F3　　　　　　C. F4　　　　　　D. F1

6. 在 Dreamweaver 2020 中,设置对象属性,需要使用(　　)。

　　A. 首选项　　　　B. 属性检查器　　C. 网格　　　　　D. 辅助线

二、简答题

1. 简述 Dreamweaver 2020 的新增功能。

2. 在 Dreamweaver 2020 的"文档"窗口中是否可以切换视图?

3. 简述"插入"工具栏的各选项卡中都有哪些网页元素。

第3章

站 点 设 计

本章了解站点的相关知识,并用 Dreamweaver 创建本地站点,学习用"文件"面板来管理站点中的资源。学习本章的时候,要注意对工作环境的熟悉,以及对基本操作的领会及掌握。本章重点内容包括:掌握站点的创建、编辑、删除;熟悉"文件"面板;能熟练使用 Dreamweaver 的站点管理技术。

3.1 站 点 概 述

站点(即 Web 站点)是一组具有相关主题、类似设计的链接文档和资源。Dreamweaver 不仅可以创建单独的文档,还可以创建完整的 Web 站点。"Dreamweaver 站点"和"Web 站点"不完全相同。"Dreamweaver 站点"是在 Dreamweaver 制作网页的过程中所使用的术语,指属于某个网站的文档的本地或远程存储位置。"Web 站点"则是把网站内容放到 Internet 或 Intranet 的 Web 服务器上供用户浏览,即运行系统的 Web 服务器上的站点。网站的发布过程就是将 Dreamweaver 本地站点变成 Web 站点的过程。

1. 规划和组织站点结构

在创建本地站点前认真规划和组织站点结构,可以避免挫折、节省时间。尤其当站点较大时,如果不考虑好文档在文件夹的层次就开始创建,最终将文件混乱无序地存放在一个巨大的文件中,或者是一些相关文件却分散在一些有类似名称的文件夹中,这些情况都不利于站点的管理和后续维护工作。

规划站点组织结构时,可以按照站点内容进行分解归类,即对于不同栏目,要创建相应的子文件夹来存放本栏目的内容。另外,对于本栏目不同类型的资源文件,创建相关的文件夹进行存放。这种组织形式可以使站点便于开发、维护和浏览。

例如,某公司网站有"关于我们"和"公司新闻"两个栏目,可以创建名为 about 的文件夹,存放与公司简介相关的网页内容(必要时可以再创建名为 images 的子文件夹,以存放与公司简介相关的图片资源);在名为 news 的文件夹中存放关于公司新闻方面的网页内容;创建 images 文件夹,以存放图片首页中需要使用的图片文件,如图 3.1 所示。

另外,为了便于管理和维护,建议在本地和远程站点

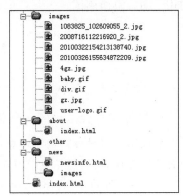

图 3.1 某公司网站站点的
文件夹组织结构

上使用相同的组织结构。这样使得 Dreamweaver 本地站点的文件上传到远程站点上时，Dreamweaver 将保证本地结构会精确地复制到远程站点中，使得本地站点和远程 Web 站点具有完全一样的结构。

通常，制作站点时首先应在本地硬盘创建一个文件夹，然后，在网站制作过程中，将所有的网页、图片、音频、视频、动画等内容都保存在该文件夹中。网站制作完成后，在发布站点时，将这些文件上传到 Web 服务器上指定位置即可。最重要的是，创建站点后，可以形成清晰的站点组织结构图，使用者能够对站点结构了如指掌，方便对网站的管理（例如，增减站点文件夹及文档等）。综上所述，开始使用 Dreamweaver 前，应该先创建一个站点，再进行以后的操作。

2. Dreamweaver 的 3 种站点

在 Dreamweaver 中，通过站点整理与网站关联的本地计算机上的所有文档，并可让设计者跟踪和维护链接、管理文件，以及将站点文件传输到 Web 服务器。Dreamweaver 站点由 3 部分（或文件夹）组成，具体取决于开发环境和所开发的 Web 站点类型。

☞提示：若要定义 Dreamweaver 站点，只需设置一个本地文件夹。若要向 Web 服务器传输文件或开发 Web 应用程序，还必须添加远程站点和测试服务器信息。

本地根文件夹即工作目录，通常是本地硬盘上的文件夹。Dreamweaver 将该文件夹作为 Web 站点的"本地站点"，既可以放在本地计算机上，也可以放在网络服务器上。Dreamweaver 将此文件夹称为"本地站点根目录"。使用 Dreamweaver 前必须至少设置一个本地文件夹。

远程文件夹是用于存储测试、生产、协作等文件的地方，Dreamweaver 在"文件"面板中将此文件夹称为"远程站点"。远程文件夹一般位于网络上运行 Web 服务器的计算机上，包含用户从 Internet 访问的文件。通过本地文件夹和远程文件夹的结合使用，可以在本地硬盘和 Web 服务器之间传输文件，这将有助于轻松地管理 Dreamweaver 站点中的文件。可以在本地文件夹中处理文件，如果需要让其他人查看，则再将它们发布到远程文件夹。

测试服务器文件夹是 Dreamweaver 处理动态页面的文件夹（也称为"测试站点"）。如果网站有动态表单、PHP 内容，则可为该站点设置测试文件夹。

本地站点和远程站点能够使用户在本地磁盘和 Web 服务器之间传输文件。测试站点则用于动态页面测试。

3.2 创建本地站点

3.2.1 通过"站点设置对象"创建本地站点

1. 打开"站点设置对象"对话框

通过站点定义方式创建站点，首先需要打开"站点设置对象"对话框。在 Dreamweaver 中有两种方法可打开"站点设置对象"对话框，如图 3.2 所示。

方法一：通过 Dreamweaver 菜单，选择"站点"→"新建站点"菜单命令。

方法二：选择"站点"→"管理站点"菜单命令，打开"管理站点"对话框，如图 3.3 所示，在对话框中单击"新建站点"按钮。

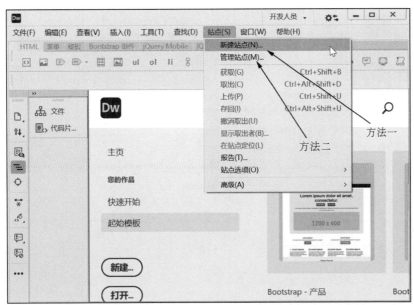

图 3.2 打开"站点设置对象"对话框的方法

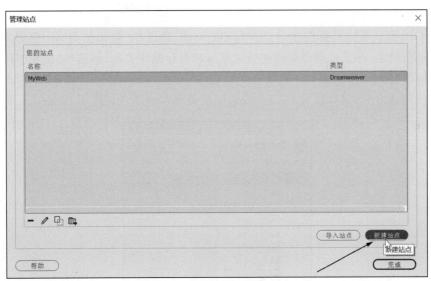

图 3.3 "管理站点"对话框

2. 输入站点名称

在"站点设置对象"对话框的"站点名称"项输入站点名称,例如 mySite1,则"站点设置对象未命名站点"对话框变为"站点设置对象 mySite1"对话框。此名称显示在"文件"面板和"管理站点"对话框中;它不显示在浏览器中。在"本地站点文件夹"项,直接在输入框中输入站点文件存储位置,或者单击输入框后面的文件夹图标,选择一个本地文件夹即可,这就是计算机上要用于存储站点文件的本地版本的文件夹。其结果如图 3.4 所示(注意,站点名称中、英文不限,最好和站点内容相关,这样便于管理)。

如果要使用 Git 管理站点文件,就要勾选"将 Git 存储库与此站点关联"复选框。如果

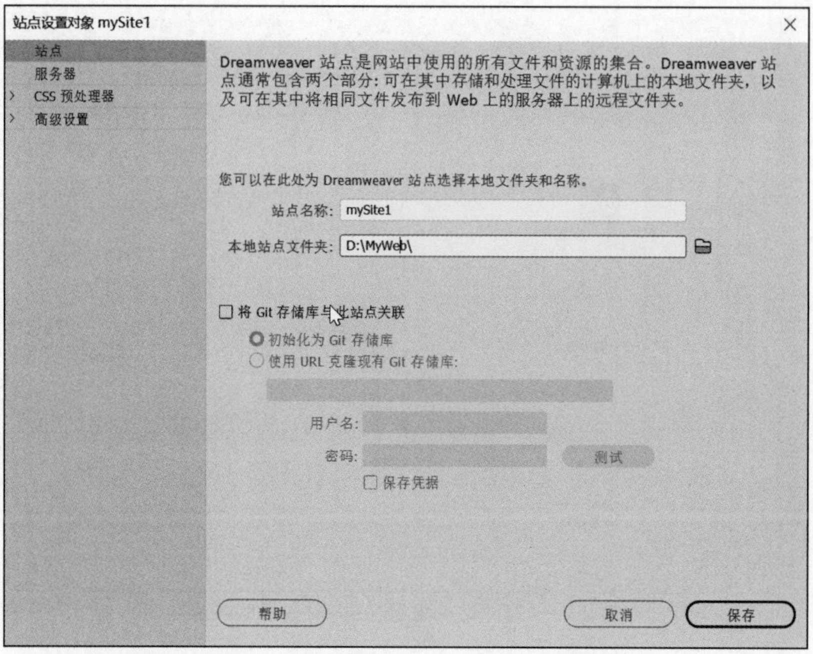

图 3.4   "站点设置对象 mySite1"对话框

首次使用 Git，而且希望将要创建的站点与 Git 关联，就选择"初始化为 Git 存储库"。如果已具有 Git 登录名，并且希望将要创建的站点与现有存储库关联，就选择"使用 URL 克隆现有 Git 存储库"。

上一步完成之后，就可以在 Dreamweaver 中处理本地站点文件了，如图 3.5 所示。

图 3.5   "文件"面板中的站点

3.2.2   连接到远程服务器

远程服务器（通常称为 Web 服务器）用于发布站点文件以便联机查看。在 Dreamweaver 中指定本地站点后，可以根据开发环境和需要为站点指定远程服务器，如图 3.6 所示。

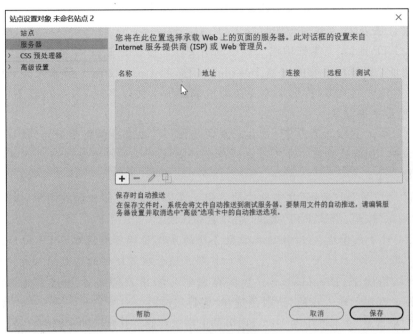

图 3.6 "服务器"选项

设置远程文件夹时，必须为 Dreamweaver 选择连接方法，以将文件上传和下载到 Web 服务器。最典型的连接方法是 FTP，但 Dreamweaver 还支持本地/网络、FTPS、SFTP、WebDAV 和 RDS 连接方法。本书只讲述 FTP 链接方式。

单击服务器列表左下角的添加新服务器按钮 ，出现如图 3.7 所示的界面。

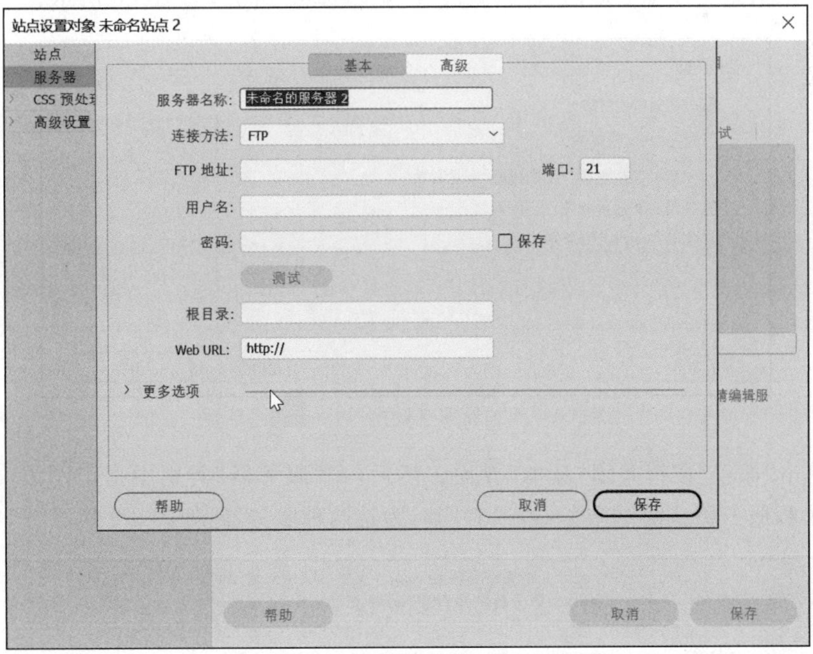

图 3.7 添加新服务器的"基本"界面

（1）在"服务器名称"文本框中指定新服务器的名称。

（2）在"连接方法"下拉菜单中选择FTP。

（3）在"FTP地址"文本框中输入要将网站文件上传到的FTP服务器的地址。

FTP地址是计算机系统的完整Internet名称，如ftp.xx.com。请输入完整的地址，并且不要附带其他任何文本，特别是不要在地址前面加上协议名（如果不知道FTP地址，请与Web托管服务商联系）。

☞提示：端口21是接收FTP连接的默认端口。可以通过编辑右侧的"端口"文本框更改默认端口号。保存设置后，FTP地址的结尾将会附加一个冒号和新的端口号（例如，ftp.xx.com:29）。

（4）在"用户名"和"密码"文本框中输入用于连接到FTP服务器的用户名和密码。

单击"测试"按钮，测试FTP地址、用户名和密码。

☞提示：对于托管站点，必须从托管服务商的系统管理员处获取FTP地址、用户名和密码信息。其他人无权访问这些信息，确切按照系统管理员提供的形式输入相关信息。

（5）默认情况下，Dreamweaver会保存密码。如果希望每次连接到远程服务器时Dreamweaver都提示输入密码，请取消选择"保存"选项。

（6）在"根目录"文本框中输入远程服务器上用于存储公开显示的文档的目录（文件夹）。

如果不能确定应输入哪些内容作为根目录，就与服务器管理员联系或将文本框保留为空白。在有些服务器上，根目录就是首次使用FTP连接到的目录。

（7）在Web URL文本框中输入Web站点的URL（例如，http://www.mysite.com）。Dreamweaver使用Web URL创建站点根目录相对链接，并在使用链接检查器时验证这些链接。

（8）如果仍需要设置更多的选项，就展开"更多选项"部分，如图3.8所示。

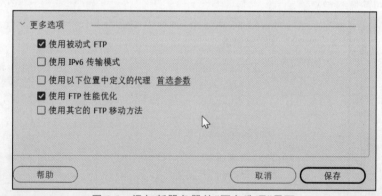

图3.8　添加新服务器的"更多选项"界面

（9）单击"保存"按钮关闭"基本"界面。然后，在"服务器"类别中指定刚添加或编辑的服务器为远程服务器或测试服务器，或者同时为这两种服务器，如图3.9所示。

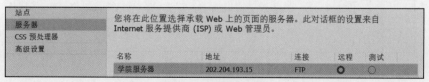

图3.9　服务器列表

使用本地站点连接好远程服务器后，在站点面板中就可以对文件进行上传、下载操作了，一般情况下都选择 FTP 连接方式。

在"站点设置对象"对话框中，除一些基本的设置外，还有"高级"选项卡，如图 3.10 所示。其各项说明如下。

- 维护同步信息：保持服务器与本地信息同步。
- 保存时自动将文件上传到服务器：勾选该复选框，保存文件时自动将其上传到服务器。
- 启用文件取出功能：打开文件时，自动设置为取出。
- 取出名称：输入取出文件的人员名称，输入后在站点窗口中取出文件时将显示该名称。
- 电子邮件地址：输入取出人员的电子邮件地址。

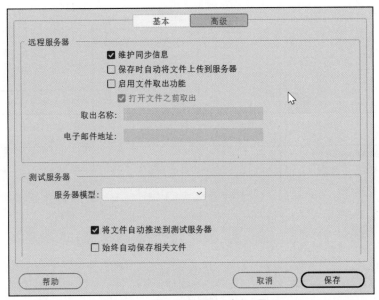

图 3.10　服务器设置的"高级"界面

☞提示：文件取出功能在团队开发设计的环境中特别有用，通过设置文件的高级属性，可以方便工作组中的其他人修改该文件。

3.2.3　站点的"高级设置"

打开"站点设置"对话框，单击左侧的"高级设置"选项，如图 3.11 左侧所示，通过展开的子项可以配置站点的某些高级属性。

1. 本地信息

单击"本地信息"子项，打开如图 3.12 所示的"本地信息"选项设置界面，通过"本地信息"子项可以设置本地文件夹的下列属性。

（1）默认图像文件夹：站点中存储根目录下图像的文件夹。输入文件夹的路径或单击浏览文件夹图标，在打开的"选择图像文件夹"对话框中选择所需的文件夹。将图像添加到文档时，Dreamweaver 将使用该文件夹路径。

（2）链接相对于：是指在站点中创建指向其他资源或页面的链接时，需要指定

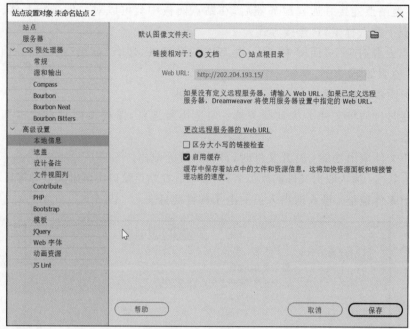

图 3.11　高级设置

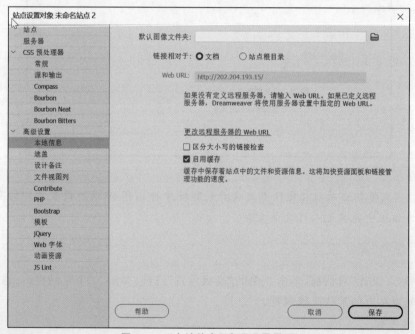

图 3.12　"本地信息"选项设置界面

Dreamweaver 创建的链接类型。Dreamweaver 可以创建两种类型的链接：文档相对链接和站点根目录相对链接。默认情况下，Dreamweaver 创建文档相对链接。如果更改默认设置并选择"站点根目录"选项，就要确保 Web URL 文本框中输入了站点的正确 Web URL。需要注意的是，更改此设置将不会转换现有链接的路径；此设置仅应用于使用 Dreamweaver 以可视方式创建的新链接。

提示：使用本地浏览器预览文档时，除非指定了测试服务器，或在"编辑"→"首选参数"→"实时预览"中选择了"使用临时文件预览"选项，否则文档中通过站点根目录相对链接进行链接的内容将不会显示。这是因为浏览器不能识别站点根目录，而服务器能够识别。

(3) Web URL：Dreamweaver 使用 Web URL 创建站点根目录相对链接，并在使用链接检查器时验证这些链接。如果制作者不能确定正在处理的页面在目录结构中的最终位置，或者可能以后会重新定位或重新组织包含该链接的文件，则站点根目录相对链接很有用。站点根目录相对链接指的是指向其他站点资源的路径为相对于站点根目录（而非文档）的链接。因此，如果将文档移动到某个位置，资源的路径仍是正确的。

例如，假设指定了 http://www.mysite.com/mycoolsite（远程服务器的站点根目录）作为 Web URL，而且远程服务器上的 mycoolsite 目录中包含一个图像文件夹（http://www.mysite.com/mycoolsite/images）。另外，假设 index.html 文件位于 mycoolsite 目录中。当在 index.html 文件中创建指向 images 目录中某幅图像的站点根目录相对链接时，该链接如下所示。

```
<img src="/mycoolsite/images/image1.jpg" />
```

该链接不同于文档相对链接，后者为如下的简单形式。

```
<img src="images/image1.jpg" />
```

/mycoolsite/附加到图像源将链接相对于站点根目录的图像，而不是相对于文档的图像。假定图像位于图像目录中，图像的文件路径（/mycoolsite/images/image1.jpg）将始终是正确的，即使将 index.html 文件移到其他目录也是如此。

关于链接验证，要确定链接是站点内部链接还是站点外部链接，必须使用 Web URL。例如，如果 Web URL 为 http://www.mysite.com/mynewsite，且链接检查器在页面上发现一个链接的 URL 为 http://www.yoursite.com，则检查器确定后一个链接为外部链接，并如此进行报告。同样，链接检查器使用 Web URL 确定链接是否为站点内部链接，然后检查以确定这些内部链接是否已断开。

(4) 区分大小写的链接检查：在 Dreamweaver 检查链接时，将检查链接的大小写与文件名的大小写是否匹配。此选项用于文件名区分大小写的 UNIX 系统。

(5) 启用缓存：指定是否创建本地缓存以提高链接和站点管理任务的速度。如果不选择此选项，Dreamweaver 在创建站点前将再次询问是否希望创建缓存。最好选择此选项，因为只有在创建缓存后"资源"面板（在"文件"面板组中）才有效。

2. 遮盖

利用站点遮盖功能，可以从"获取"或"上传"等操作中排除某些文件和文件夹。还可以从站点操作中遮盖特定类型的所有文件（如 JPEG、FLV、XML 等）。Dreamweaver 会记住每个站点的设置，因此不必每次在该站点上工作时都进行选择。

可以指定要遮盖的特定文件类型，以便 Dreamweaver 遮盖以指定形式结尾的所有文件。例如，可以遮盖所有以 .txt 扩展名结尾的文件。

(1) 遮盖站点中的特定文件类型。其设计界面如图 3.13 所示。

"遮盖具有以下扩展名的文件"复选框：在输入框中输入要遮盖的文件类型，然后单击"确定"按钮。

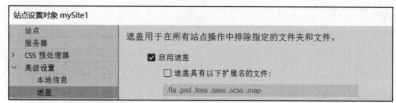

图 3.13　"遮盖"高级属性的设置界面

例如，可以输入.gif，以遮盖站点中名称以.gif 结尾的所有文件。用一个空格分隔多个文件类型，不要使用逗号或分号。

最后，在"文件"面板中，被遮盖的文件图标上会显示一条穿过受影响的文件的红线，指示这些文件已被遮盖。

（2）取消遮盖站点中的特定文件类型。在图 3.13 所示的"遮盖"对话框中执行下列操作之一，可以取消对特定文件的遮盖。

- 取消勾选"遮盖具有以下扩展名的文件"选项，可以取消对其下面文本框中列出的所有文件类型的遮盖。
- 从输入框中删除特定文件类型，可以取消这些文件类型的遮盖。

红线从受影响的文件上消失，指示它们已被取消遮盖。

3. 设计备注

设计备注是为文件创建的备注。设计备注与它们所描述的文件相关联，但存储在单独的文件中。对于添加了设计备注的文件，还可以在展开的"文件"面板中看到哪些文件具有设计备注："设计备注"图标会出现在"备注"列中。

通常使用设计备注记录与文档关联的其他文件信息，如图像源文件名称和文件状态说明。例如，如果将一个文档从一个站点复制到另一个站点，则可以为该文档添加设计备注，说明原始文档位于另一站点的文件夹中。

还可以使用设计备注记录因安全原因而不能放在文档中的敏感信息。例如，可以记录某一价格或配置是如何选定的，或哪些市场因素影响了某一设计决策等信息。

通过"设计备注"子项对站点启用和禁用设计备注。启用"设计备注"时，如果需要，还可以选择与他人共享"设计备注"，如图 3.14 所示。

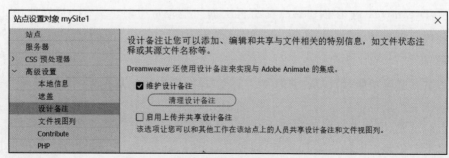

图 3.14　"设计备注"高级属性的设置界面

（1）维护设计备注：此复选框用于启用设计备注（取消勾选即禁用）。

（2）"清理设计备注"按钮：用于删除站点的所有本地设计备注文件，如果要删除远程设计备注文件，则将需要手动删除。

（3）启用上传并共享设计备注：勾选此复选框，与站点关联的设计备注将与其余的文档一起上传。如果选择该选项，则可以和小组的其余成员共享设计备注。在上传或获取某个文件时，Dreamweaver 将自动上传或获取关联的设计备注文件。

如果未选择此选项，则 Dreamweaver 在本地维护设计备注，但不将这些备注与相关文件一起上传。如果独自在站点上工作，取消选择此选项可改善性能。当存回或上传文件时，设计备注并不会传输到远程站点，因此仍可以在本地为站点添加和修改设计备注。

4. 文件视图列

在展开的"文件"面板中查看 Dreamweaver 站点时，有关文件和文件夹的信息将在列中显示。例如，可以看到文件类型或文件的修改日期。

通过"文件视图列"，用户可以自定义展开的"文件"面板中显示的文件和文件夹的详细信息。可以通过以下任何操作对列进行自定义（某些操作仅适用于添加的列，不适用于默认列）。

（1）更改列的顺序，或将列重新排列。选择列名称，然后单击向上或向下的箭头按钮更改选定列的位置。

☞提示：可以更改除"名称"列之外任何列的顺序。"名称"列始终是第一列。

（2）添加、删除或更改详细列。在图 3.15 中选择一个列，然后单击加号（＋）按钮添加一个列，或单击减号（－）按钮删除一个列。

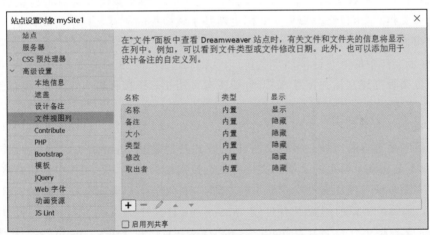

图 3.15　"文件视图列"高级属性的设置界面

☞提示：单击减号（－）按钮将立即删除该列，且不经确认，因此，在单击减号（－）按钮前，务必弄清是否确实要删除该列。

添加一个列时，会打开如图 3.16 所示的对话框，在该图的"列名称"框中输入列的名称。从"与设计备注关联"列表中选择一个值，或者输入自己的值。

☞提示：必须将一个新列与设计备注关联，"文件"面板中才会有数据显示。

接着选择一种对齐方式，以确定该列中的文本对齐方式。选择或取消选择"显示"以显示或隐藏列。最后，可以选择"与该站点所有用户共享"与连接到该远程站点的所有用户共享该列。

5. 模板

模板是一种特殊类型的文档，用于设计"固定的"页面布局；然后，用户便可以基于模板

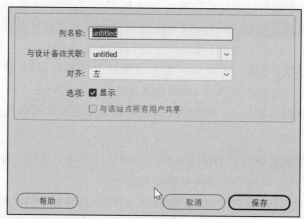

图 3.16   在"文件视图列"中添加列

创建文档，创建的文档会继承模板的页面布局。设计模板时，可以指定在基于模板的文档中哪些内容是用户可编辑的。

☞提示：使用模板可以控制大的设计区域，以及重复使用完整的布局。如果要重复使用个别设计元素，如站点的版权信息或徽标，可以创建库项目。

使用模板可以一次更新多个页面。用模板创建的文档与该模板会保持连接状态（除非以后分离该文档）。可以修改模板并立即更新基于该模板的所有文档中的设计。

如果模板文件是通过将现有页面另存为模板创建的，则新模板在 Templates 文件夹中，并且模板文件中的所有链接都将更新，以保证相应的文档相对路径是正确的。如果用户以后基于该模板创建文档并保存该文档，则所有文档相对链接将再次更新，从而依然指向正确的文件。

向模板文件中添加新的文档相对链接时，如果在属性检查器的链接文本框中输入路径，则输入的路径名很容易出错。模板文件中正确的路径是从 Templates 文件夹到链接文档的路径，而不是从基于模板的文档的文件夹到链接文档的路径。在模板中创建链接时，就要使用文件夹图标或者使用属性检查器中的"指向文件"图标，以确保存在正确的链接路径。

Dreamweaver 8 以前的版本不对 Templates 文件夹中的文件进行更新（例如，假定在 Templates 文件夹中有一个名为 main.css 的文件，并且已将 href＝"main.css" 作为链接写入模板文件中，则 Dreamweaver 在创建基于模板的页面时不会更新此链接）。

而 Dreamweaver 8 对此行为进行了更改，这样，无论所链接文件从直观上体现的位置在何处，创建基于模板的页面时所有文档相对链接都将更新。

Dreamweaver 8 之后的版本添加了一个用于启用和禁用更新相对链接行为的首选参数（这个特殊的首选参数仅适用于指向 Templates 文件夹中的文件的链接，不适用于一般链接）。默认行为是不更新这些链接，但是如果用户希望 Dreamweaver 在创建基于模板的页面时更新这种链接，则可以取消选择这个首选参数。

若要使 Dreamweaver 将文档相对路径更新为 Templates 文件夹中的非模板文件，请在"站点设置对象"对话框的"高级设置"下选择"模板"类别，然后取消勾选"不改写文档相对路径"复选框。

除上述内容外，站点的"高级"设置还可以设置 Bootstrap、jQuery、Web 字体等项目。

3.3　站点管理

创建本地站点之后,可以通过"管理站点"对话框对 Dreamweaver 中创建的全部站点进行管理。选择"站点"→"管理站点"菜单命令,打开"管理站点"对话框,或者在"文件"面板中选择"站点管理"子项。

在"管理站点"对话框中可以完成站点的创建(参见 3.2 节内容)、编辑、复制、删除、导入和导出等操作。

- 如果需要编辑某个站点,在"管理站点"对话框中选择这个站点的名称,然后单击"编辑"按钮,就可以修改其站点设置,操作与创建站点的步骤类似。
- 站点复制操作将创建本站点的副本,副本将出现在站点列表窗口中,此操作容易引发混乱,因此不建议初学者使用。
- 站点删除操作:将删除所选站点,此操作无法撤销。需要注意的是,此操作仅删除 Dreamweaver 中的站点,不会删除磁盘上的文件夹以及相关文件。
- 导入/导出站点:可以将站点导出为包含站点设置的 XML 文件,并在以后将该站点导入 Dreamweaver。这样就可以在各计算机和产品版本之间移动站点,甚至与其他用户共享这些设置了。

通常需要定期对站点执行导出操作,这样,即使该站点出现意外,也有它的备份副本。

若要导出站点,请执行以下操作:首先选择"站点"→"管理站点"菜单命令,打开"管理站点"对话框,在该对话框中选择要执行导出操作的一个或者多个站点(按住 Ctrl 键单击每个站点,可以选中多个站点;若要选择某一范围的站点,请按住 Shift 键单击该范围中的第一个和最后一个站点),然后单击"导出"按钮,对于要导出的每个站点,在"导出站点"对话框中选择需要保存站点的位置,然后单击"保存"按钮,如图 3.17 所示。Dreamweaver 会在指定位置将每个站点保存为后缀为.ste 的 XML 文件。最后,单击"完成"按钮,关闭"管理站点"对话框。

图 3.17　"导出站点"对话框

导入操作与导出操作相反。

本节初步介绍了 Dreamweaver 的站点管理功能,但是要真正体会到它的强大和快捷,还要在以后的学习、工作中慢慢体会。

3.4　使用站点

3.4.1　管理文件

在"文件"面板上,从"站点"弹出式菜单中选择一个站点,就可以对相应的站点文件内容进行维护管理了。如图 3.18 所示选择了 mySite1 站点。

在"文件"面板中按列排序的方法是:单击要排序的列的标题。再次单击标题将反转之前列的排序方式(升序或降序)。

右击,出现如图 3.19 所示的快捷菜单,有对勾的选项表示在"文件"面板中显示此信息,没有对勾表示隐藏。如果需要改变选项状态,把鼠标指针移到相应的选项上单击即可转换其状态。

图 3.18　"文件"面板

图 3.19　"文件"面板列的显示

通过在 Dreamweaver 中选择"编辑"→"首选项"菜单命令,打开"首选项"对话框。

在左侧的分类列表中选择"站点",会出现如图 3.20 所示的"站点"首选项的选项,可以根据需要进行个性化配置。

通过"文件"面板可以直接对站点中的文件或者文件夹进行操作,十分方便。例如,可以打开文件,更改文件名,添加、移动或删除文件。下面具体讲解其主要操作。

1. 查看站点中的文件

具体步骤如下。

(1)按 F8 键打开或关闭"文件"面板。

(2)在"站点"下拉列表框中选择要查看的站点。

(3)在"文件"面板中双击该文件的图标,或者右击该文件,在弹出的快捷菜单中选择

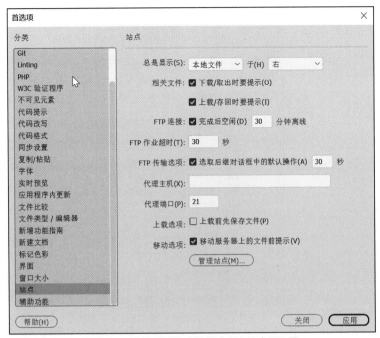

图 3.20　"首选项"对话框中的"站点"设置

"打开"命令。该文档会在 Dreamweaver 的"文档"窗口中打开。

2. 在站点中新建文件夹和文件

具体步骤如下。

（1）打开"文件"面板，选择要创建新文件夹或文件的根目录，如图 3.21 所示。

（2）右击根目录图标，在弹出的快捷菜单中选择"新建文件"或"新建文件夹"命令，如图 3.22 所示。

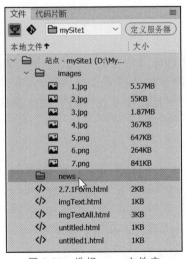

图 3.21　选择 news 文件夹

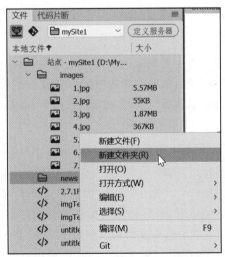

图 3.22　为 news 文件夹新建文件夹

（3）Dreamweaver 将自动创建名为 untitled.html 的新文件或名为 untitled 的文件夹，

并自动设置为可改写状态,如图 3.23 所示。

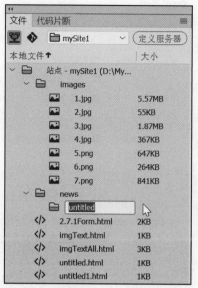

图 3.23　新建文件夹 untitled 并使其处于可写状态

（4）直接输入新的名称即可,如 old。

3. 重命名文件或文件夹

重命名文件或文件夹有以下 3 种方法。

方法一:在"文件"面板中选中要重命名的文件或文件夹,然后单击使其进入可改写状态,输入新的名称即可。

方法二:在要重命名的文件或文件夹图标上右击,在弹出的快捷菜单中选择"编辑"→"重命名"命令也可进入可改写状态,输入新的名称即可。

方法三:先选中要重命名的文件或文件夹,再按 F2 键,进入可改写状态,输入新的名称即可。

4. 删除文件或文件夹

首先选中要删除的文件或文件夹,选中的文件或文件夹背景为蓝色,按 Delete 键,在打开的"确认"对话框中单击"确定"按钮。也可以右击要删除的文件或文件夹图标,在弹出的快捷菜单中选择"编辑"→"删除"命令,在打开的"确认"对话框中单击"确定"按钮确认删除即可。

5. 移动文件或文件夹

通过以下两种方法可以实现文件或者文件夹移动。

方法一:首先在"文件"面板中选择要移动的文件或文件夹,复制该文件或文件夹,然后粘贴在新位置,最后删除原文件或者文件夹。

方法二:选中文件或文件夹后,将其拖到新位置。移动时,会弹出如图 3.24 所示的"更新文件"对话框。从更新"文件"面板中可以看到该文件或文件夹在新位置上。

6. 刷新"文件"面板

如果站点文件较多,对于在"文件"面板中的操作,Dreamweaver 不能及时自动刷新,导

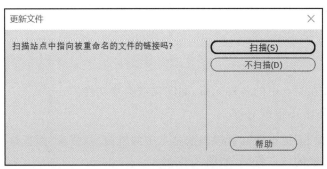

图 3.24　"更新文件"对话框

致使用者看到的还是操作前的内容,这种情况会引起操作混乱。所以,建议使用者操作"文件"面板后能手动刷新"文件"面板。手动刷新"文件"面板,请先右击任意需要刷新的文件或文件夹,在弹出的快捷菜单中选择"刷新本地文件"命令。也可以单击"文件"面板工具栏中的"刷新"按钮(或者按 F5 键)。

7. 在站点中查找最近修改的文件

在折叠的"文件"面板中,单击"文件"面板右上角的"选项"菜单,然后选择"编辑"→"选择最近修改日期"菜单命令,如图 3.25 所示。这时会打开如图 3.26 所示的"选择最近修改日期"对话框。完成此对话框设置,最后单击"确定"按钮保存刚才的设置。

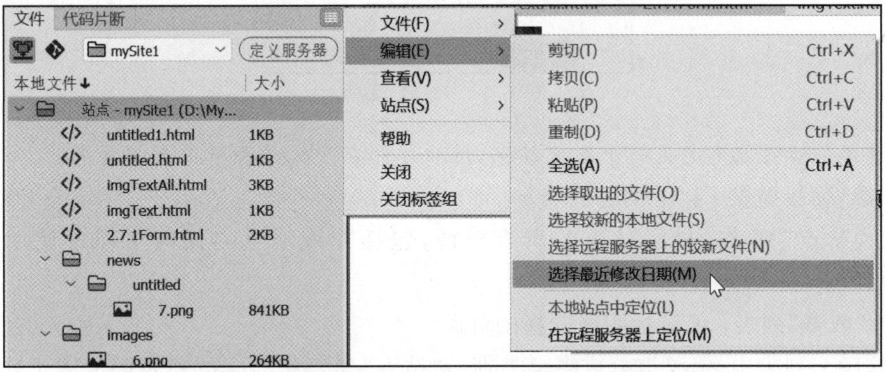

图 3.25　"选择最近修改日期"命令

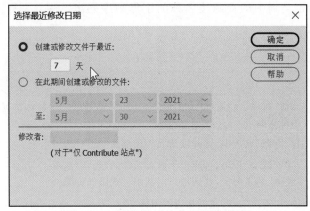

图 3.26　"选择最近修改日期"对话框

通过上面的操作，Dreamweaver 会在"文件"面板中高亮显示在指定时间段内修改的文件。

3.4.2　管理资源

资源包括存储在站点中的各种元素，如图像或影片文件。

1. 在"资源"面板中查看资源

可以使用"资源"面板查看和管理当前站点中的资源。"资源"面板显示了与"文档"窗口中的活动文档相关联的站点资源，如图 3.27 所示。

图 3.27　"资源"面板

☞提示：必须首先定义一个本地站点，然后才能在"资源"面板中查看资源。

"资源"面板提供了以下两种列表。

（1）"站点"列表：显示站点的所有资源，包括在该站点的任何文档中使用的颜色和 URL。

（2）"收藏"列表：仅显示明确选择的资源。

在这两个列表中，资源被分成多个类别。"站点"列表和"收藏"列表都可用于除模板和库项目外的所有资源类别。

默认情况下，给定类别中的资源按名称的字母顺序列出。表 3.1 列出了"资源"面板中的常用操作。

表 3.1　"资源"面板中的常用操作

操　　作	具 体 步 骤
打开"资源"面板	选择"窗口"→"资源"菜单命令。在"资源"面板中，默认情况下，"图像"类别处于选定状态
查看"站点"列表	在"资源"面板中，选择位于面板顶部的"站点"选项
查看"收藏"列表	在"资源"面板中，选择位于面板顶部的"收藏"选项 "收藏"列表为空，直到用户向其中显式添加资源
显示特定类别的资源	单击"资源"面板左侧相应的图标

操　　作	具 体 步 骤
按不同顺序列出资源	单击某个列标题。例如,若要根据类型对图像列表进行排序(以便所有 GIF 图像在一起,所有 JPEG 图像在一起,等等),则应单击"类型"列标题
预览资源	在"资源"面板中选取资源。面板顶部的预览区域将显示该资源的可视化预览。例如,当选择一个影片资源时,预览区域将显示一个图标。若要查看该影片,请单击预览区域右上角的"播放"按钮(绿色三角形)
更改列的宽度	拖动分隔两个列标题的线
更改预览区域的大小	向上或向下拖动拆分条(在预览区域和资源列表之间)

2. 将资源添加到文档

可以将大多数类型的资源插入文档中,方法是:将它们拖动到"文档"窗口中的"代码"视图或"设计"视图,或者使用"插入"按钮,具体操作如下。

若要将资源插入文档,首先将插入点放置在"设计"视图中希望资源出现的位置。接着,在"资源"面板中,在面板左侧选择要插入的资源的类型。在面板顶部选择"站点"或"收藏",然后选择要插入的资源。

然后,执行下列操作之一。

(1) 将资源从面板拖动到文档。可以将脚本拖动到"文档"窗口的文件头内容区域;如果该区域未显示,则选择"查看"→"文件头内容"菜单命令。

(2) 在面板中选择资源,然后单击面板底部的"插入"按钮,资源即被插入文档中(如果资源为颜色,则该颜色将在插入点开始应用;也就是说,随后输入的内容将以该颜色显示)。

3.5　网页设计中的规范

快速建站往往会忽略一些小问题,从而使得网站的维护变得困难。设计人员需要遵守网页设计中的相应原则和规范。

3.5.1　Dreamweaver 中的命名原则

良好的命名对网站开发起着至关重要的作用,对资源进行合理的命名,可以达到事半功倍的效果。无论哪种命名规范,无论对哪种资源进行命名,其核心思想都是"用最少的字母进行最全面的描述",即"唯一性+描述性"是命名的灵魂。在网页设计过程中,对各方面进行命名时,不能不考虑命名原则。如果只注重制作的速度与便利性,必将为日后的修改或维护带来麻烦。

在 Dreamweaver 中,用户可以对一系列不同类型的对象进行命名,这些对象包括图片、层、表单、文件、数据库、域等,将会被许多不同的工作引擎进行分析处理,这些工具包括各种浏览器、JavaScript 脚本解析器、网络服务器、应用程序服务器、查询语言等。

关于文件的命名,看似无足轻重,实际上如果没有良好的命名原则进行必要的约束,随意命名,最终导致的结果就是整个网站或文件夹无法管理。所以,命名原则在这里非常重要。

在给文件和目录（文件夹）以及图片等其他资源命名时，需要注意以下原则。

1. 唯一性

请确保某对象的名称与其他对象不同，保证其独一无二的属性。例如，可以将某对象命名为 feedback_button_3。

2. 小写

有些服务器和脚本解析器对文件名的大小写也进行检查，而为了避免因大小写引起的不兼容问题，建议用户在命名时全部使用小写文件名。

3. 不带空格以及特殊字符

不同的解析器对空格等符号的解析结果不同，例如，某些解析器会把空格视为某个十六进制的数值，因此建议用户使用不带空格的单词作为文件对象的名称。

在文件以及文件夹的命名中避免使用特殊符号。特殊符号包括/、\、?、%、*、、:、|、"、<、>等，会导致网站不能正常工作的字符。尽管允许使用其他特殊字符，但最好仅使用字母数字字符、连字符和下画线。

为了使某个对象的文件名独一无二，用户可以通过使用"_"符号更加详细地描述文件名。在某些命名用词中，可以根据词义使用连字符将它们组合起来。例如，某对象的文件名可以是 jd_background_17。

文件夹的名称最好不要采用诸如","""、"。"";"""、":""."" "（空格）等符号，因为不同的操作系统平台对这些符号的使用限制是不一样的。如果非要进行命名区分，请对比下面的命名（以我的校园/校园书屋为例）：

wodexiaoyuan xiaoyshuwu2001 02 20

wodexiaoyuan -xiaoyshuwu2001-02-20

wodexiaoyuan _xiaoyshuwu2001_02_20

上面3组命名中，建议采用最后一种。按照栏目或日期进行命名，名称采用下画线连接，所有的操作系统均支持这种命名方式。文件名的长度可以不限，但也不要太长，太长的话不便于记忆。

4. 以字母开始

有些浏览器不接受以数字开头的文件名。例如，在某些浏览器中的 JavaScript 脚本内部，如果使用 alpha23 这样的名称，就不会出现问题，而如果使用 23alpha 这样的名称，就会发生故障。

除上述原则外，还需要注意一些其他情况，如文件名与系统的冲突。某些文件名虽然满足上述标准，但还会导致故障，原因是它们与系统产生了冲突。

需要注意的是，网站文件或文件夹尽量避免使用中文字符命名。

如果某个对象的名称无法被某个解析器识别，就有可能导致故障，更麻烦的是，用户可能很难发现导致该问题的原因。例如，某个具体的特效无法正确显示，或者在某个特殊阶段无法正确显示，有时故障可能只会在某种特殊情况或在使用某个浏览器时发生，而在其他情况下保持正常，这时用户很难分析出故障是由于命名问题而导致。

由于需要命名的对象的种类很多，对这些对象进行解析的引擎工具也很多，因此，用户在给这些对象命名时应遵循一个标准，以确保兼容性。

在网页制作过程中,要求为目录和文件命名时,都应遵循相应的规范,名称应能代表文件的意义,以便进行查找、修改。下面从网站命名规范、目录结构规范、内容编辑规范 3 方面具体介绍网页制作的规范。

3.5.2　网站命名规范

1. 文件/目录的命名规范

对文件/目录命名时,除遵循 3.5.1 节讲述的四条基本原则外,尤其要注意网站中文件/目录的名称最好不要用中文,而要用英文(缩写也可)或汉语拼音。目录(文件夹)命名一般长度不超过 20 个字符,命名采用小写字母。文件名称统一用小写的英文字母、数字和下画线的组合。

文件夹和目录的具体命名规范,可以参考以下几种方式。

(1) 汉语拼音:根据文件或者目录的主要作用提取两个或者三个关键字,将提取的关键字的汉语拼音全拼作为名称。例如,某高校网站中的校园新闻页面,提取的关键字可以是"新闻"两个字,然后使用 xinwen.htm 作为文件名称。

(2) 拼音缩写:将汉字的第一个字母连接形成名称,还以校园新闻页面为例,其文件名为 xyxw.htm。这些缩写词的使用会给站点的维护带来隐患。如 jxpt 和 xzjg,如果不告诉这是"教学平台"和"行政机构"的拼音缩写,其他人无法知道其确切含义。虽然个人用户觉得这种方式简单,但是会导致团队合作开发,以及网站上线后的运行与维护困难加大,不建议使用这种方式。

(3) 英文缩写:选取每个英文单词的第一个字母命名网页或者目录,这种方式不常使用。

(4) 英文单词:尽量按词语的英语翻译为名称。例如,某公司的信息反馈目录可以起名为 feedback,而"关于我们"目录起名为 aboutus,公司新闻页面直接命名为 news.htm。这种方式简单、明确、通用,使用范围非常广,推荐制作者使用。非常典型的例子是,几乎所有网站的登录页面都使用 login 作为网站后台登录页面的名称。

不论采用哪种命名方式,其作用无外乎两个:一是使得工作组的每个成员能够方便地理解每个文件的意义,以方便开发与维护;二是当在目录中使用"按名称排列"命令时,同一大类的文件能够排列在一起,以便进行查找、修改、替换等操作。

另外,使用 index.html 文件名(小写)或者 index.htm 名称命名的文件一般是"索引页",即首页。首页不制作具体内容,只起到跳转作用。文件和文件夹的命名,可以用栏目名称的拼音,也可以用栏目名称的英文,团队开发时,有统一的命名规则相当重要。例如个人简历这个栏目,命名的文件夹名称可以是 jianli,如果命名为英文,可以是 me。论坛这个栏目一般都用 bbs 作为文件夹名称。

2. 图片的命名规范

网页中使用的图片文件一般采用"头部+尾部"两段式命名。

(1) 头部:表示此图片的大类性质。例如,网页顶部长方形位置处,一般放置广告或者装饰性图案,通常取名为 banner;图片网站的标志性图片取名为 logo;网页中作为按钮的图片命名为 button;若图片用作网页菜单,则命名为 menu;若图片用作边框,则使用单词

border，有时还添加图片的位置信息，例如 left_border 表示左边框。

（2）尾部：用来表示图片的具体含义，通常使用英文字母表示。例如，banner_sohu.gif、banner_sina.gif、menu_about.gif、menu_job.gif、title_news.gif、logo_police.gif、logo_national.gif、pic_man.jpg、pic_hill.jpg。这种命名方式一目了然，便于管理与查找。

3.5.3　目录结构规范

网站目录创建的原则是以最少的层次提供最清晰、简便的访问结构。根目录一般只存放 index.htm 以及其他必需的系统文件，每个主要栏目开设一个相应的独立目录。另外，同类型的文件最好放在一个文件夹中，例如，把图片文件都放在 image 文件夹中。

有些文件或者文件夹是为达到临时的目的而创建的，如一些短期的网站通告或促销信息、临时文件下载等，不要随意放置这些文件和文件夹。一种比较理想的方法是：创建一个临时文件夹用来放置各种临时文件，并适当使用简单的命名规范，不定期地进行清理，将陈旧的文件及时删除。

通常，网站的 JS、ASP、PHP 等脚本存放在根目录下的 scripts 目录；CSS 文件存放在根目录下的 style 目录；每个语言版本存放于独立的目录。所有的 Flash、AVI、RAM、QuickTime 等多媒体文件存放在根目录下的 media 目录；根目录下的 images 为存放公用图片目录，每个目录下私有图片存放于各自独立的 images 目录。例如：

```
\menu1\images
\menu2\images
```

3.5.4　内容编辑规范

网站的内容必须遵守我国《计算机信息网络国际联网安全保护管理办法（公安部令第33号）》的规定（http://www.cac.gov.cn/2014-10/08/c_1112737294.htm）。

关于网站内容的规定如下。

第五条　任何单位和个人不得利用国际联网制作、复制、查阅和传播下列信息：

（一）煽动抗拒、破坏宪法和法律、行政法规实施的；

（二）煽动颠覆国家政权，推翻社会主义制度的；

（三）煽动分裂国家、破坏国家统一的；

（四）煽动民族仇恨、民族歧视，破坏民族团结的；

（五）捏造或者歪曲事实，散布谣言，扰乱社会秩序的；

（六）宣扬封建迷信、淫秽、色情、赌博、暴力、凶杀、恐怖，教唆犯罪的；

（七）公然侮辱他人或者捏造事实诽谤他人的；

（八）损害国家机关信誉的；

（九）其他违反宪法和法律、行政法规的。

3.6　上机实践

一、实验目的

（1）掌握 Dreamweaver 站点的创建步骤。

（2）掌握在已有文件夹上创建站点的方法。

二、实验内容

首先，创建实验准备所需的文件夹 mysite，其内部包含子文件夹 images；mysite 文件夹下有网页文件 index.html。接着创建网站。

三、实验步骤

定义站点也就是创建网站，可以将已创建的文件夹转换成网站，也可以从零开始创建一个全新的站点。本实验是在已有文件夹的基础上创建站点。实验步骤如下。

首先，在 D 盘（也可以是其他硬盘）根目录下创建文件夹 mysite，在其内部创建 images 文件夹。将网站制作时需要的图片文件复制到 images 文件夹下，如图 3.28 所示。

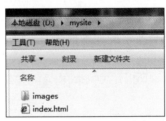

图 3.28　文件以及文件夹

接着，启动 Dreamweaver，新建 index.html 文件并保存。选择“站点”→“新建站点”菜单命令。其余步骤请参考 3.2 节内容。

3.7　习　　题

1. 请解释网站的概念。

2. 如何创建一个本地站点？

3. 通过“文件”面板，如何给已有的站点增加一个新的文件夹？

4. 通过“文件”面板，如何从已有的站点重命名一个网页文件？

5. 使用 Dreamweaver 创建本地站点制作网页有什么优势？

6. 在本地站点的根目录下，对建设网站需要的所有资源以及网页文件分别创建子目录进行管理有何利弊？

7. Dreamweaver 站点和 Internet Web 站点有何不同？

8. 设计一个站点并对站点进行相应的管理。

9. 如何删除一个站点？

第 4 章

网页文本的设置

创建好本地站点之后,接下来开始创建网页和进行页面属性设置等,从而掌握用 Dreamweaver 2020 进行网页设计的基本操作。本章学习要点包括新建、保存和预览网页,页面属性的设置,文本的编辑,熟悉常用文本元素的使用等内容。在学习过程中要熟悉 Dreamweaver 2020 工作环境,领会及掌握基本操作。

4.1　网页文件的基本操作

4.1.1　新建网页与保存网页

1. 新建网页

新建网页是最常用的操作之一。下面介绍新建网页的几种方法。

方法一:可以在启动 Dreamweaver 时出现的起始页对话框中单击"新建…"按钮,选择 HTML 文档类型,就进入了名为 Untitled-X 的"空白"页面的设计状态,如图 4.1 所示。

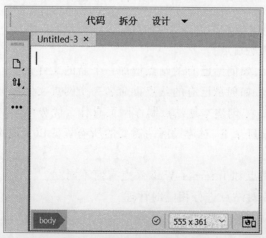

图 4.1　新建的空白网页文档

方法二:选择"文件"→"新建"菜单命令,打开"新建文档"对话框,如图 4.2 所示。

在"新建文档"对话框最左侧的栏中选择"新建文档",在"新建文档"类别中选择从"文档类型"列创建的页面类型。这里选择 HTML,可创建纯 HTML 页面。

在"框架"列从"文档类型"弹出菜单中选择文档类型。大多数情况下使用默认选择,即 HTML 5。

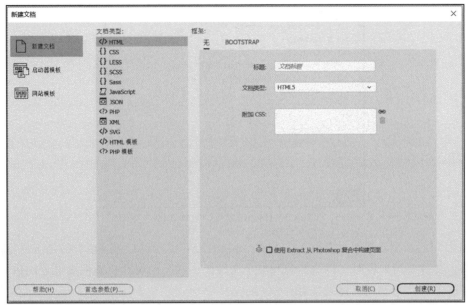

图 4.2　"新建文档"对话框

文档标题：输入文档标题，Dreamweaver 会自动将其添加到文档的 <head> 部分。

附加 CSS：单击"附加 CSS 文件"窗格旁边的"附加样式表"图标，并选择一个 CSS 样式表，为页面添加 CSS 布局样式。

在"框架"列中的"无"：创建一个简单网页，而不使用任何框架。

在"框架"列中的"BOOTSTRAP"：BOOTSTRAP 模板使用的是 BOOTSTRAP 框架的预定义布局。如果要使用 BOOTSTRAP 框架创建响应式网页，可选择此选项。

方法三：在"文件"面板中右击已经创建好的站点，在弹出的快捷菜单中选择"新建文件"命令，站点列表中会出现一个默认名称为 untitled.html 的网页文件。只要双击网页名字，就可以对它进行编辑和设计了。

☞注意：因为 untitled 或诸如 untitled-1、untitled-2 等这类名字没有什么特殊意义，所以在实际的网页设计中尽量给文件选用有一定意义的名字，即见名知意，这样可方便以后对网页进行编辑或修改。

以上新建的"空白"文档是指在页面的"设计"视图下页面是空的，没有内容。但是，当切换到"代码"视图时，可以看到其内容并不是空的，而是已经有几行 HTML 代码，这几行 HTML 代码就是 HTML 文档的基本结构，如图 4.3 所示。由此可以看出 HTML 文档主要包括文件头部分（<head> </head>）和文件主体部分（<body> </body>）两部分。

其中：

（1）<! doctype >声明位于文档中最前面的位置，处于<html>元素之前，不区分大小写。此元素告知浏览器文档使用哪种 HTML 或 XHTML 规范。HTML 5 中对元素进行了简化，只支持 HTML 一种文档类型。

（2）<html>元素是 HTML 文件的根元素，用<html>表示 HTML 文件的开始。这个标签告诉浏览器这个 HTML 文件从这里开始。文件中的最后一个标签是</html>，这个标签告诉浏览器这个 HTML 文件到此结束。

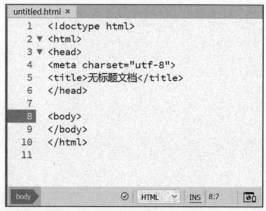

图 4.3　HTML 文档的基本结构

（3）＜head＞元素表示文件头。写在＜head＞与＜/head＞标签中的内容是 HTML 文件头。文件头用来说明文件的标题和整个文件的一些公用属性。文件头部分的信息主要包括＜meta＞信息和网页标题信息。

（4）＜meta＞元素用于说明文档的字符编码。要正确显示 HTML 页面，浏览器必须知道使用何种字符集。在每个 HTML 页上都应指明所用的字符编码，否则会导致安全隐患。在 HTML 5 中只使用 UTF-8 即可，如图 4.3 中所示＜meta charset＝"utf-8"＞指明了页面的字符编码是 UTF-8。

（5）＜title＞元素中的文本是网页文件的标题。标题在浏览器的标题栏中显示，结束标签是＜/title＞。

（6）＜body＞元素中的内容是 HTML 文件的主体，其中的内容将显示在浏览器中，结束标签是＜/body＞。

此外，HTML 5 中还新增了一些与结构相关的元素，下面就介绍其中几个。

- ＜header＞元素定义文档的页眉（如介绍信息）或页面中一个内容区块的标题。可以在一个文档中使用多个＜header＞元素。
- ＜footer＞元素表示整个页面或页面中一个内容区块的脚注。一般来说，它会包含文档的作者、版权信息、创作日期、使用条款链接、联系信息，等等。可以在一个文档中使用多个＜footer＞元素。
- ＜nav＞元素表示导航链接的部分。
- ＜article＞元素表示文档中的一块独立内容，如报纸中的一篇文章，或者来自博客文本，或者是论坛帖子、用户评论等。
- ＜section＞元素定义文档或应用程序中的一个区段，如章节、页眉、页脚或文档中的其他部分，一般作为主题块列表，主要作用为对页面的内容进行分块或者对文章的内容进行分段。例如书本的章节、带标签页的对话框上的每个标签页等。
- ＜aside＞元素用来表示当前页面或文章的附属部分，也可以认为该内容与 article 的内容是独立的。如用于摘录引用或用作文章的侧栏，也可用来显示相关的广告宣传。
- ＜figure＞元素表示一段独立的内容。它有一个可选的＜figcaption＞表示标题。例如,在页面上添加一个带标题的图像。

上述这些 HTML 5 中新增的元素更加语义化,如图 4.4 所示是使用部分新增元素进行页面设计的一个例子。设计者在设计页面时要习惯使用这些新元素,从而可以以一种更加语义化的方式设计标准的 Web 布局。

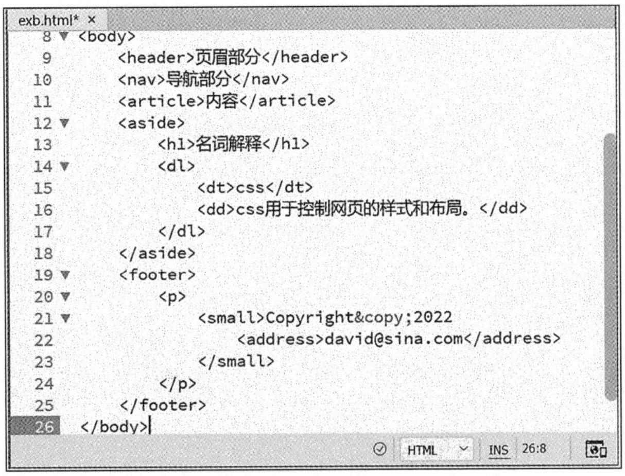

图 4.4　HTML 5 中新增的文档结构元素

2. 保存文档

方法一:选择"文件"→"保存"菜单命令。

方法二:选择"文件"→"另存为"菜单命令。

方法三:选择"文件"→"保存全部"菜单命令,可保存当前正在编辑的所有文档。

执行以上保存文档的操作均会打开"另存为"对话框,将文档保存在站点指向的文件夹中,同时注意文件名字的确定。

3. 预览页面

要想在浏览器中查看页面运行效果,执行预览操作即可。预览页面的方法如下:

方法一:在"文档"工具栏单击图标,从下拉列表中选择浏览器以预览页面。

方法二:选择"文件"→"实时预览"菜单命令。

方法三:按 F12 键可以启动主浏览器显示网页;按 Ctrl+F12 组合键可以启动次浏览器显示网页。

4. 关闭文档

方法一:选择"文件"→"关闭"菜单命令,即可关闭打开的当前文档。

方法二:选择"文件"→"全部关闭"菜单命令,即可关闭打开的所有文档。

如果当前文档修改后没有存盘,则会打开一个提示框,询问用户是否要保存文档。

4.1.2　打开网页

打开一个网页文件,可以采用下列两种方法。

方法一:启动 Dreamweaver,在"起始页"对话框的"打开最近的项目"列表中选择要打开的文件,或单击"打开"链接,在"打开"对话框中选择要打开的文件,然后单击"打开"按钮。

方法二：选择"文件"→"打开"菜单命令。

默认情况下，系统打开.html 格式的文件。除此之外，还可以打开多种格式的文件，如.asp、.dwt、.css、.txt 等，打开方法是：在"打开"对话框的"文件类型"下拉列表中选择将要打开的文件类型。

4.2 设置页面属性

在 Dreamweaver 中创建的每个页面，都可以使用"页面属性"对话框指定布局和格式等属性。设计者可以在"页面属性"对话框中指定页面的默认字体系列和字体大小、页面标题、背景颜色和图像、边距、链接样式及页面设计的其他方面。打开"页面属性"对话框的方法有以下 3 种。

方法一：选择"文件"→"页面属性"菜单命令，如图 4.5 所示。

文件(F)	编辑(E)	查看(V)	插入(I)	工具(T)
新建(N)...				Ctrl+N
打开(O)...				Ctrl+O
打开最近的文件(T)				>
关闭(C)				Ctrl+W
全部关闭(E)				Ctrl+Shift+W
保存(S)				Ctrl+S
另存为(A)...				Ctrl+Shift+S
保存全部(L)				
保存所有相关文件(R)				
另存为模板(M)...				
回复至上次的保存(R)				
附加样式表(A)...				
导入(I)				>
导出(E)				>
打印代码(P)...				Ctrl+P
实时预览				>
验证				>
与远程服务器比较(W)				
设计备注(G)...				
页面属性...				

图 4.5 "文件"菜单中的"页面属性"

方法二：在"设计"视图下单击页面空白处，在"属性"检查器中单击"页面属性"按钮，如图 4.6 所示。

图 4.6 "属性"检查器中的"页面属性"按钮

方法三：在"文档"窗口空白处右击，在弹出的快捷菜单中选择"页面属性"命令。

1. 外观（CSS）

在"页面属性"对话框的"分类"列表框中选择"外观（CSS）"选项，对话框右侧会显示出相应的属性，如图 4.7 所示。各属性的作用如下。

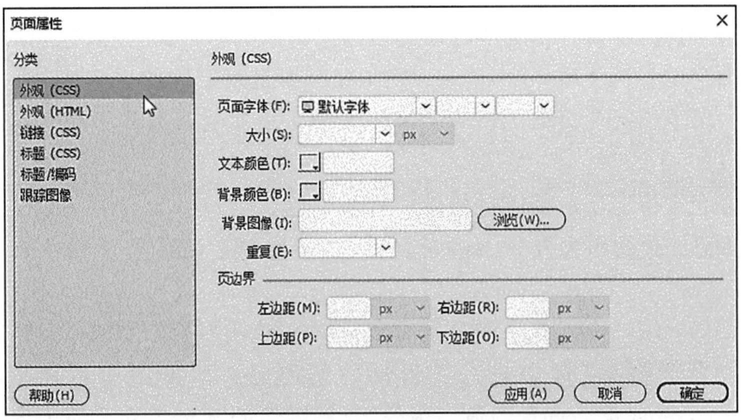

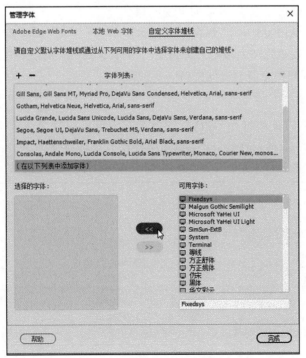

图 4.7 "页面属性"对话框中的"外观（CSS）"选项

（1）页面字体：指定在网页面中使用的字体系列、字体样式、字体粗细。

从字体下拉列表框中选择页面文字的字体。如果没有所用的字体，可以选择下拉列表框中的"管理字体"命令，在打开的"管理字体"对话框中添加所需字体，如图 4.8 所示。可以从"Adobe Edge Web Fonts"列表中选择字体，也可以从"本地 Web 字体"列表中选择字体，还可以从"自定义字体堆栈"列表中选择字体。

图 4.8 "管理字体"对话框

字体样式下拉列表框中的值有：normal（默认值），浏览器显示一个标准的字体样式；italic，浏览器会显示一个斜体的字体样式；oblique，浏览器会显示一个倾斜的字体样式；inherit，从父元素继承字体样式。

字体粗细下拉列表框中的值有：normal（默认值），定义标准的字符；bold，定义粗体字符；bolder，定义更粗的字符；lighter，定义更细的字符。数字数值，定义字符的粗细。400 等同于 normal，而 700 等同于 bold。inherit 则从父元素继承字体的粗细。

（2）大小：用于指定在页面中使用的字体大小。直接输入或从下拉列表框中选择合适的字体大小。

（3）文本颜色：指定显示字体时使用的默认颜色。

（4）背景颜色：设置页面的背景颜色。单击"背景颜色"框，并从颜色选择器中选择一种颜色。

（5）背景图像：用于设置整个网页的背景图片。单击"浏览"按钮，找到图像并将其选中。也可以在"背景图像"框中输入背景图像的路径。如果图像不能填满整个窗口，Dreamweaver 会平铺或重复背景图像。另外，背景图像的选择要和页面内容相搭配。如果文档中文字较多，图像较少，则可以选择颜色鲜明的背景图像；如果已经使用了多幅图像，则背景图像应该淡雅一些。通常，网页的背景图像与背景色不能同时显示，如果同时在网页中设置背景色与背景图像，则在浏览器中背景颜色会被覆盖，只显示网页背景图像。

（6）重复：用于设置背景图像在页面上的显示方式。其下拉列表框中有 4 个选项。
- "no-repeat"（不重复）：仅显示背景图像一次。
- "repeat"（重复）：可以横向和纵向重复或平铺图像。
- "repeat-x"（横向重复）：可横向平铺图像。
- "repeat-y"（纵向重复）：可纵向平铺图像。

（7）"左边距""右边距""上边距""下边距"：用于设置网页的左、右、上、下 4 个边距。默认情况下，网页内容和浏览器的边框保持一定的距离。

2. 外观（HTML）

如图 4.9 所示，在"页面属性"对话框的此类别中设置属性会导致页面采用 HTML 格式，而不是 CSS 格式。Dreamweaver 提供了两种设置页面属性的方法：CSS 和 HTML，建议使用 CSS 设置背景和修改页面属性。

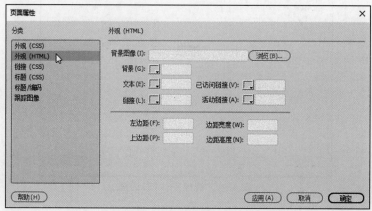

图 4.9　"页面属性"对话框中的"外观（HTML）"选项

（1）背景图像：设置网页的背景图像。

（2）背景：设置页面的背景颜色。

（3）文本：指定显示字体时使用的默认颜色。

（4）链接：指定应用于链接文本的颜色。

（5）已访问链接：指定应用于已访问链接的颜色。

（6）活动链接：指定当鼠标指针在链接上单击时应用的颜色。

（7）左边距、上边距：指定页面左边距和上边距的大小；边距宽度、边距高度：指定页面左边距宽度和上边距高度。设计者在设计页面时这两组值使用其中一组即可。

3. 链接（CSS）

这里的链接是指网页中的超链接，使用超链接可以在页面之间相互跳转。在"页面属性"对话框的"分类"列表框中选择"链接（CSS）"选项，对话框右侧会显示出相应的属性，如图4.10所示。通过这些属性可以指定链接的字体、字体大小、颜色和其他项。然而，更多、更丰富的链接样式需要设计CSS样式表。各属性的作用如下。

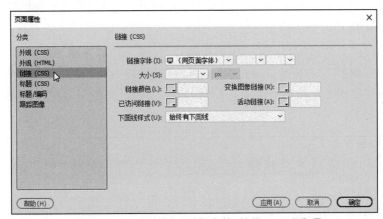

图4.10 "页面属性"对话框中的"链接（CSS）"选项

（1）链接字体：指定链接文本使用的字体系列、字体样式和字体粗细。

（2）大小：设置链接文本的字体大小。

（3）链接颜色：设置链接文本的颜色。

（4）变换图像链接：指定当鼠标指针悬停在链接上时应用的颜色。

（5）已访问链接：设置访问过的链接的颜色。

（6）活动链接：设置当鼠标指针在链接上单击时的文字颜色。

（7）下画线样式：设置超链接的下画线样式，其下拉列表框中有"始终有下画线""始终无下画线""仅在变换图像时显示下画线""变换图像时隐藏下画线"4个选项。设计时可以根据需要选择一种下画线样式。

4. 标题（CSS）

在"页面属性"对话框的"分类"列表框中选择"标题（CSS）"选项，此时的"页面属性"对话框如图4.11所示。在这里可以指定页面标题的字体、字体大小和颜色。默认情况下，Dreamweaver的这6种标题都有一定的字体、大小和颜色，并且标题1～标题6的文字大小是依次减小的。各属性的作用如下。

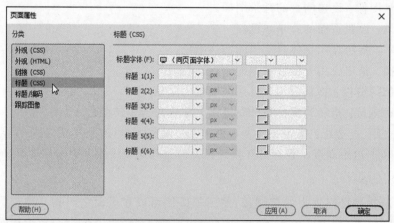

图 4.11　"页面属性"对话框中的"标题（CSS）"选项

（1）标题字体：指定标题使用的默认字体系列、字体样式和字体粗细。

（2）标题1～标题6：指定最多6个级别的标题标签使用的字体大小和颜色。

5. 标题/编码

在"页面属性"对话框的"分类"列表框中选择"标题/编码"选项，此时的"页面属性"（标题/编码）对话框如图 4.12 所示。通过"页面属性"对话框中的标题/编码选项，可指定用于设计网页的语言专用的文档编码类型，并可指定与该编码类型配合使用的 Unicode 范式。各属性的作用如下。

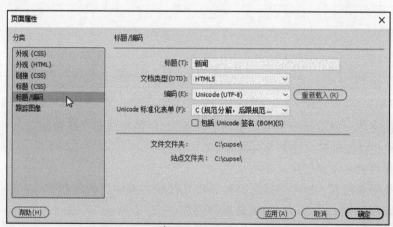

图 4.12　"页面属性"对话框中的"标题/编码"选项

（1）标题：在文本框中输入网页标题，浏览网页时，网页标题会显示在浏览器窗口的标题栏中。

（2）文档类型（DTD）：指定一种文档类型定义。可从弹出菜单中选择"XHTML 1.0 Transitional"或"XHTML 1.0 Strict"，使 HTML 文档与 XHTML 兼容。

（3）编码：指定文档中字符所用的编码。默认选择 Unicode（UTF-8）作为文档编码，因为 UTF-8 可以安全地表示所有字符。

（4）重新载入：转换现有文档或者使用新编码重新打开它。

（5）Unicode 标准化表单：该属性只有在选择 UTF-8 作为文档编码时启用。有四种 Unicode 范式，其中最重要的是范式 C，因为它是用于万维网的字符模型的最常用范式。Adobe 提供了其他三种 Unicode 范式作为补充。

☞ 注意：设置网页标题，还可以使用以下方法。

方法一：在"属性"检查器的"文档标题"文本框中输入网页标题，如图 4.13 所示。

方法二：在"代码"视图中的＜title＞与＜/title＞内输入网页标题。

图 4.13　在"属性"检查器中设置文档标题

6. 跟踪图像

跟踪图像是放在"文档"窗口背景中的 JPEG、GIF 或 PNG 图像。可以隐藏图像、设置图像的不透明度和更改图像的位置。在"页面属性"对话框的"分类"列表框中选择"跟踪图像"选项，对话框右侧会显示出相应的属性，如图 4.14 所示。各属性的作用如下。

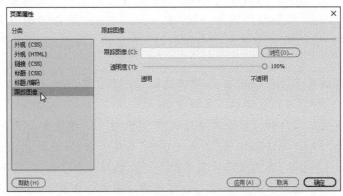

图 4.14　"页面属性"对话框中的"跟踪图像"选项

（1）跟踪图像：可以让用户在设计页面时插入作为参考的图像，在浏览器中显示时并不出现。

（2）透明度：设置跟踪图像的透明度。可以拖动上面的滑块设置图像的透明度。

跟踪图像仅在 Dreamweaver 中是可见的；当在浏览器中查看页面时，将看不到跟踪图像。当跟踪图像可见时，"文档"窗口将不会显示页面的实际背景图像和颜色；但是，在浏览器中查看页面时，背景图像和颜色是可见的。

选择"查看"→"设计视图选项"→"跟踪图像"菜单命令，可以完成跟踪图像的一些操作。

- 显示：显示或隐藏跟踪图像。
- 调整位置：更改跟踪图像的位置，在"X"和"Y"文本框中输入坐标值，则准确地指定跟踪图像的位置。单击"X"或"Y"文本框后，可使用箭头逐个像素地移动图像位置；按 Shift 键和箭头键可一次多个像素地移动图像位置。

- 重设位置：重设跟踪图像的位置，跟踪图像随即返回到"文档"窗口的左上角（0,0）。
- 对齐所选范围：将跟踪图像与所选元素对齐，跟踪图像的左上角与所选元素的左上角对齐。
- 载入：添加或更改文档中的跟踪图像。

4.3　插 入 文 本

4.3.1　插入文本的方法

文字是网页信息的主要表达方式，所以对文字的控制以及布局在网页设计中占了很大的比重。网页中的文字可以在 Dreamweaver 的设计视图中直接输入，也可以通过复制已有文字（如 Word 文件或文本文件中已经写好的文本）到网页中。然后再根据页面中显示的需要对文字进行格式设置。

首先，通过键盘输入或复制并粘贴文字：最简单的输入方法是通过键盘输入，也可以在其他程序或窗口中选中文字，将文字复制到剪贴板上，然后回到 Dreamweaver"设计"视图的文档窗口中，将其粘贴到光标所在位置。

然后，选择"编辑"→"文本"菜单命令，可以设置文本的部分格式。

在"设计"视图文档窗口中，直接按 Enter 键的效果相当于插入段落标签<p>，除换行外，还会多空一行，表示一个新段落的开始；按 Shift＋Enter 组合键相当于插入换行标签
，表示将在当前行的下面插入一个新行，但仍属于当前段落，并使用该段落的现有格式。

☞注意：默认情况下，Dreamweaver 中只能输入一个空格，不能连续输入多个。

如果需要多个空格，可以使用以下 4 种方法。

方法一：将英文输入法切换为全角字符状态，这时就可以连续输入多个空格。

方法二：选择"插入"→HTML→"不换行空格"菜单命令（或使用快捷键 Ctrl＋Shift＋Space），可以插入一个空格，再次选择此菜单命令可再插入一个空格。

方法三：在"代码"视图中输入 （空格符的代码），多个 表示多个空格。

方法四：选择"编辑"→"首选项"菜单命令，在"常规"分类中的"编辑选项"中勾选"允许多个连续的空格"。

4.3.2　文字的查找与替换

在当前文档、文件夹、站点或所有打开的文档中查找和替换，如代码中的标签、属性和文本；一个选区或多个选区中的文本；多个文档、打开的文件、文件夹、站点内的文本或当前打开文档中的文本；在搜索字符串中使用正则表达式等。

1. 在当前文档中查找

选择"查找"→"在当前文档中查找"菜单命令，或按 Ctrl＋F 组合键，打开位于当前文档底部的"快速查找栏"，在"搜索词"文本框中输入要在当前文档中查找的文本，Dreamweaver 会自动突出显示当前文档中搜索字符串的所有实例，使用"◀"和"▶"箭头逐个浏览查找结果，如图 4.15 所示。查找的文本可以在"任何标签"内。也可以在指定标签内搜索，在"搜索词"文本框旁边的下拉字段中选择标签即可。

图 4.15　"在当前文档中查找"对话框

单击查找输入框左侧的滤镜图标可扩展或限制搜索,如图 4.16 所示。

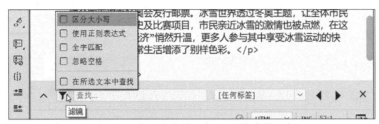

图 4.16　单击查找输入框左侧的滤镜图标

- 区分大小写:选择此项将搜索范围限制为与要查找的文本的大小写完全匹配的代码/标签/文本。
- 使用正则表达式:将搜索字符串中的特定字符和短字符串(如 ?、* 、\w 和 \b)解释为正则表达式运算符。
- 全字匹配:将搜索范围限制为匹配一个或多个完整单词的文本。
- 忽略空格:将所有空格视为单个空格以实现匹配,通常此项已默认勾选。此选项在选择了"使用正则表达式"选项时不可用;必须显式编写正则表达式以忽略空格。
- 在所选文本中查找:将搜索范围限制为当前在活动文档中选定的文本。选定的文本可以是单个文本块,或位于当前打开的文档中不同位置的多个文本选区。当在选定文本中查找时,找到的搜索词在文档中不会高亮显示。输入搜索词后按 Enter 键或单击"查找全部",可在"搜索"面板中显示搜索结果。

2. 在当前文档中替换

如果要替换查找到的文本或标签,单击查找输入框左端的"显示更多"图标 ∧,打开"在当前文档中替换"输入框,或选择"查找"→"在当前文档中替换"菜单命令,或按 Ctrl+H 组合键,如图 4.17 所示。

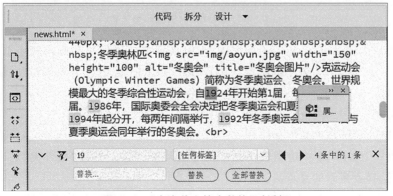

图 4.17　"在当前文档中替换"对话框

在"替换"字段中输入文本，然后单击"替换"或"全部替换"按钮。

如果要在页面中浏览找到的实例，并逐一替换这些实例，则单击"替换"按钮。

如果想立即替换所有搜索词实例，则单击"全部替换"按钮。Dreamweaver 会替换找到的所有实例，并提供包含已找到并替换的所有词的报告。

3. 在文档中查找和替换

选择"查找"→"在文件中查找和替换"菜单命令，打开"查找和替换"对话框，如图 4.18 所示。该对话框内各项的作用如下。

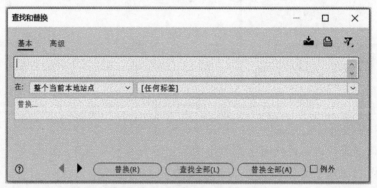

图 4.18　"查找和替换"对话框

- 在"查找"文本字段中输入要查找的文本。
- 在查找范围下拉列表中（见图 4.19）选择其中任一项。

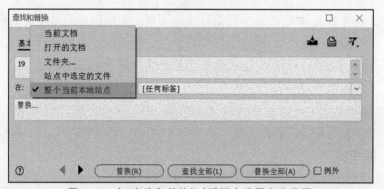

图 4.19　在"查找和替换"对话框中设置查找范围

"整个当前本地站点"选项：默认选项，将搜索范围扩展到正在操作的当前站点中搜索指定内容。如果选择了列表中的其他选项，Dreamweaver 会记住本次选择并将选择的选项设置为默认选项。

"当前文档"选项：在当前选中的文档中搜索。

"打开的文档"选项：在所有打开的文档中搜索。

"文件夹…"选项：在指定文件夹内的所有文件中搜索。选择"文件夹"后，单击文件夹图标浏览并选择要搜索的文件夹。

"站点中选定的文件"选项：将搜索范围限制在"文件"面板中当前选定的文件和文件夹。

- 在替换文本字段中输入要替换的文本。
- 若要查找指定文本的所有实例，则单击"查找全部"按钮，Dreamweaver 会打开"搜索结果"面板。如果是在单个文档中搜索，"搜索结果"面板会显示搜索文本或标签的所有匹配项，并带有部分上下文。如果正在目录或站点中搜索，"搜索结果"面板中会显示包含该标签的文档列表。
- 若要在替换之前查看查找结果，则单击"全部替换"按钮并勾选"例外"复选框。指定此选项时，查找结果会在"搜索结果"面板中显示，可以取消选择不想替换的实例，如图 4.20 所示。

图 4.20　"搜索结果"面板

- 如果需要加入更多的搜索限制，可单击"查找和替换"对话框中的"高级"选项卡，打开"高级查找和替换"对话框，如图 4.21 所示。

图 4.21　"查找和替换"对话框的"高级"选项

4.3.3　常用的文本编辑标签

1. 段落标签

标签<p>用于将文档划分为段落。段落开始用<p>，段落结束用</p>。

使用<p>会自动在其前后创建一些空白。浏览器会自动添加这些空间，在本书后面学习了样式表后，设计者可以根据需要自行设定这些空白的大小。下面是段落标签的代码举例，预览效果如图 4.22 所示。

【例 4.1】　段落标签示例。

```
<body>
    <p>这是段落。</p>
    <p>这是另外一段落。</p>
```

```
    <p>欢</p><p>迎</p><p>你</p>
</body>
```

2. 换行标签

使用
标签插入换行符。换行标签
只是结束一行,并不开始新的段落。例如,诗歌或地址中,换行的部分是属于原内容的。下面举例说明,预览效果如图 4.23 所示。

【例 4.2】　换行标签示例。

```
<body>
    <p>欢迎你,这里使用换行标签,开始<br>
        结束。
    </p>
</body>
```

图 4.22　例 4.1 的预览效果

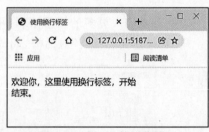

图 4.23　例 4.2 的预览效果

3. 标题标签

一般文章都有标题、副标题等结构,HTML 中提供了相应的标题标签<hn>,<hn>用于设置网页中的标题文字,被设置的文字将以黑体或粗体的方式显示在网页中。其中 n 为标题的等级,取值为 1～6 共 6 个等级的标题,即<h1>～<h6>,<h1>定义最大的标题,<h6>定义最小的标题。

【例 4.3】　标题标签示例。

```
<body>
    <h1>欢迎,这是标题 1</h1>
    <h2>欢迎,这是标题 2</h2>
    <h3>欢迎,这是标题 3</h3>
    <h4>欢迎,这是标题 4</h4>
    <h5>欢迎,这是标题 5</h5>
    <h6>欢迎,这是标题 6</h6>
</body>
```

4. <mark>标签

<mark>标签可以突出显示或高亮显示文字,例如,在搜索结果中高亮显示搜索关键词。

5. ＜time＞标签

＜time＞标签定义公历的时间（24 小时制）或日期，时间和时区偏移是可选的。该标签能够以机器可读的方式对日期和时间进行编码。＜time＞ 标签的主要属性如下。

- datetime 规定日期／时间。否则，由标签的内容给定日期／时间。
- pubdate 指示 ＜time＞ 标签中的日期／时间是文档（或 ＜article＞ 标签）的发布日期。

【例 4.4】　＜time＞标签示例。

```
<body>
    <p>
        学生们在每天早上 <time>8:00</time> 上课。
    </p>
    <p>
        Tom 在 <time datetime="2017-12-25">圣诞节</time> 有个约会。
    </p>
</body>
```

6.＜details＞标签

＜details＞标签提供了一个展开/收缩区域，＜details＞标签与＜summary＞标签配合使用。＜summary＞标签提供标题或图例。标题是可见的，并且在标题前有一个向右的箭头，当单击标题时，箭头变为向下的箭头，同时会弹出有关节点内容的更多的详细信息。

【例 4.5】　＜details＞标签示例。

```
<details>
    <summary>HTML</summary>
    <p>超文本标记语言(HyperText Markup Language,简称:HTML)是一种用于创建网页的标
准标记语言。</p>
</details>
```

4.3.4　文本的属性检查器

在页面中选择要设置属性的文字，可以使用如下两种方法进行文本属性的设置。

1.“编辑”菜单

选择“编辑”→“文本”菜单命令，可以设置文字的段落缩进、字体样式等。

2. 属性检查器

在页面中选择要设置属性的文字，可以看到属性检查器的内容，属性检查器中有 ＜＞HTML 和 CSS 两个选项。下面分别介绍这两个选项面板中的常用内容。

（1）在属性检查器中单击 ＜＞HTML 按钮，切换到文本 HTML 属性设置面板中，可以设置文本的标题格式、粗体、斜体等，如图 4.24 所示。

- “格式”下拉列表框：可以设置段落格式，主要用于设置标题级别。
- “ID”：可以为选中的文本设置 ID 值。
- “类”：在该项的下拉列表中可以选择已经定义的 CSS 样式为选中的文本应用。
- “链接”：为所选文本创建链接。单击文件夹图标浏览到站点中的文件。

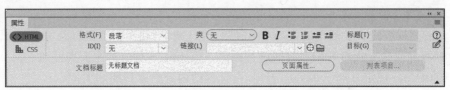

图 4.24　属性检查器的文本 HTML 属性设置面板

- "标题"：为超级链接指定文本工具提示。
- "目标"：指定将链接文档加载到哪个框架或窗口。
- **B**：设置文本为粗体。
- *I*：设置文本为斜体。
- ：将选定内容以项目列表形式呈现。
- ：将选定内容以编号列表形式呈现。
- ：设置文字缩进,向左移两个单位。
- ：设置文字缩进,向右移两个单位。

（2）在属性检查器中单击 CSS 按钮,切换到文本 CSS 属性设置面板中,可以设置文本的字体、大小、颜色等,如图 4.25 所示。

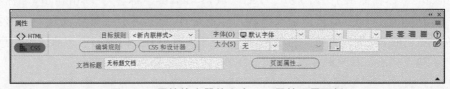

图 4.25　属性检查器的文本 CSS 属性设置面板

- 字体：设置文字的字体。Dreamweaver 使用字体组合的方法取代了简单地给文本指定一种字体的方法。字体组合就是多个不同字体依次排列的组合。在设计网页时,可给文本指定一种字体组合。在浏览器中浏览该网页时,系统会按照字体组合中指定的字体顺序自动寻找用户计算机中安装的字体。采用这种方法可以照顾各种浏览器和安装不同操作系统的计算机。
- 大小：设置字体大小。
- 颜色：单击"文本颜色"按钮,打开"文本颜色"面板,利用它可以设置文字的颜色。也可以直接在按钮后的文本框中输入颜色代码。
- 文本对齐：选中页面内的文字后,单击属性检查器内中的相应按钮,从而实现文本段落的左对齐、居中对齐、右对齐和两端对齐。在 Dreamweaver 中,默认的文本对齐方式为左对齐。
- 目标规则：在已应用样式规则的文本内部单击时,属性检查器将会显示影响文本格式的规则。在更改其中的字体、大小、颜色等属性时,将会改变目标规则。
- 编辑规则：如果已经在目标规则列表中选择了某个已创建的样式规则,单击该按钮将会打开该样式规则的 CSS 规则定义对话框,如图 4.26 所示。在该对话框中可完成对样式规则的编辑。
- CSS 和设计器：单击该按钮,可以打开"CSS 设计器"面板。在"CSS 设计器"面板中

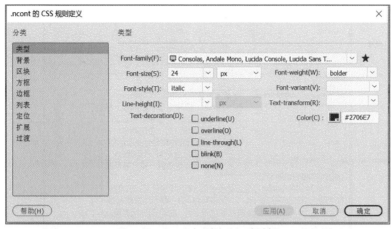

图 4.26　"CSS 规则定义"对话框

创建或编辑 CSS 样式和规则并设置属性和媒体查询。

（3）网页中颜色的表示方法

在网页中设计颜色的表示方式：一种是用颜色名称表示，如 red 表示红色；另一种是用十六进制的数值表示 RGB 的颜色值。

我们知道，光有三原色：红色、绿色和蓝色，这 3 种色彩的不同混合比例可以表达出各种颜色，也就是常说的 RGB 色彩。

- R 即 red，红色。
- G 即 green，绿色。
- B 即 blue，蓝色。

R、G、B 这 3 种色彩的不同混合比例就可以表达出肉眼所能分辨的各类色彩。

RGB 标准取 8 位的颜色深度，即 2 的 8 次方，数值为 256，所以每种颜色的取值范围为 0～255，也称为颜色深度。

在 HTML 中使用 6 位十六进制数字表示一种颜色，每 2 位从 00 到 FF（相当于十进制数字 0～255），代表一种颜色的浓度。按顺序前两位是红色的值，中间两位是绿色的值，最后两位是蓝色的值。00 代表颜色浓度最小，FF 代表颜色浓度最大。

在网页中，颜色的使用以＃号开头，后面是 6 位的十六进制数。比如，白色的代码是＃FFFFFF，黑色的代码是＃000000，红色的代码是＃FF0000。

4.3.5　文本的快速属性检查器

在"设计"视图下，当单击文本元素（h1～h6、pre 和 p）的图标■时，文本的快速属性检查器将会出现，如图 4.27 所示。利用实时视图中文本的快速属性检查器，可以快速格式化、缩进和超链接文本。根据可用空间，文本的快速属性检查器将显示在文本区域的右侧、左侧、顶部、底部或上方。

- 格式：可利用格式选项快速将元素标签更改为以下标签之一：p、h1～h6 和 pre。
- 链接：指定超链接文件。
- 粗体和斜体：粗体和斜体的图标将会使＜strong＞和＜em＞标签添加到文本元素。

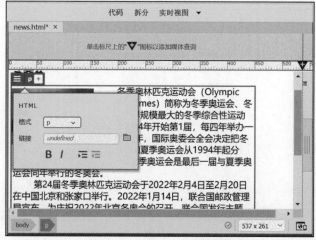

图 4.27　文本的快速属性检查器

- 缩进：缩进图标可以添加或删除文本缩进。代码中将相应地添加或删除＜blockquote＞标签。

另外，还可以直接在实时视图中更改文本和超链接文本的格式。在实时视图中选择文本后，包含格式选项的"快速属性检查器"显示在所选文本的上方，如图 4.28 所示，单击相应图标完成文本格式设置。

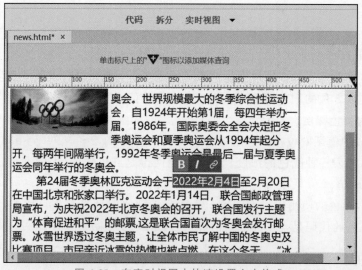

图 4.28　在实时视图中快速设置文本格式

4.4　创 建 列 表

排版文字时，有时需要编排提纲或者格式排序项目，采用 HTML 提供的列表元素，能方便地排列条目，使得文档更加清晰、有条理。列表分为有序列表和无序列表。有序列表通常用阿拉伯数字或字母等有序符号表示。无序列表通常用各种几何符号表示其列表关系，各列表项之间并不存在顺序关系。

4.4.1 创建列表介绍

1. 创建新列表

将插入点放置在 Dreamweaver 文档中要添加列表之处,然后执行以下操作。

在 HTML 属性检查器中单击无序列表图标或编号列表图标。也可以选择"插入"→"无序列表"菜单命令,或选择"插入"→"有序列表"菜单命令。

"文档"窗口中将显示指定列表项的前导字符,可输入列表项目文本,然后按 Enter 键创建其他列表项目,最后按两次 Enter 键完成列表的创建。

也可以选择已经输入的若干连续段落,然后使用 HTML 属性检查器或菜单命令创建列表。

2. 创建嵌套列表

选择要嵌套的列表项目。

右击,在弹出的快捷菜单中选择"列表"→"缩进"命令,或者单击 HTML 属性检查器中的缩进图标,Dreamweaver 会缩进文本并创建一个单独的列表,该列表具有原始列表的 HTML 属性,可以对缩进的文本应用新的列表类型或样式。

右击,在弹出的快捷菜单中选择"列表"→"凸出"命令,或者单击 HTML 属性检查器中的凸出图标,可以取消列表嵌套。

4.4.2 设置列表的属性

如需设置列表的属性,则执行如下操作。

- 将插入点放到列表项目的文本中。
- 右击,在弹出的快捷菜单中选择"列表"→"属性"命令。
- 选择"编辑"→"列表"→"属性"菜单命令。
- 单击属性检查器中的"列表项目"按钮。

"列表属性"对话框如图 4.29 所示。

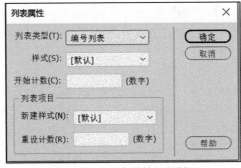

图 4.29 "列表属性"对话框

- 列表类型:指定列表属性,在下拉菜单中选择项目、编号、目录或菜单列表,根据所选的"列表类型",对话框中将出现不同的选项。
- 样式:指定编号列表或项目列表的编号或项目符号的样式,所有列表项目都将具有该样式,除非为列表项目指定新样式。如图 4.30 所示是编号列表的编号样式,如图 4.31 所示为项目列表的符号样式。

- 开始计数:设置编号列表中第一个项目的值。

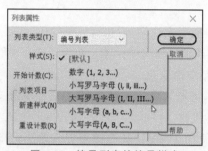
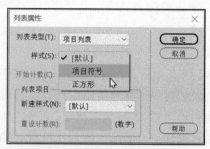

图 4.30　编号列表的编号样式　　　　图 4.31　项目列表的符号样式

在"列表项目"下,设置个别列表项目的样式。

- 新建样式:为所选列表项目指定样式。"新建样式"菜单中的样式与"列表类型"菜单中显示的列表类型相关。例如,如果"列表项目"菜单显示"项目列表",则"新建样式"菜单中只有项目符号选项可用。
- 重设计数:设置列表项目编号开始的特定数字。

4.4.3　列表标签

无序列表标签<ul></ul>,列表项使用<li>元素。下面举例说明,预览效果如图 4.32 所示。

图 4.32　例 4.6 的预览效果

【例 4.6】　无序列表元素代码示例。

```
<body>
    <p>这是一个无序列表:</p>
        <ul type="square">
            <li>纯净水</li>
            <li>奶茶</li>
            <li>酸梅汤</li>
        </ul>
</body>
```

其中,type 属性用来规定列表符号类型,其取值有如下 2 种。

type＝"disc"时采用实心圆作为列表项目符号,也是 type 属性的默认值。

type＝"square"时采用小方块作为列表项目符号。

有序列表的标签是＜ol＞　＜/ol＞,列表项也使用 ＜li＞。其使用格式与无序列表的使用格式基本相同,只 是有序列表每个子项前有顺序之分的符号或者数字来区 分。插入或者删除某个列表子项,编号能自动调整。下 面举例说明,预览效果如图 4.33 所示。

图 4.33　例 4.7 的预览效果

【例 4.7】　有序列表元素的代码示例。

```html
<body>
    <p>这是有序列表:</p>
    <ol type="A">
        <li>苹果树</li>
        <li>桃树</li>
        <li>李树</li>
        <li>杏树</li>
    </ol>
</body>
```

其中,type 用于设置编号的类型,其取值有如下 5 种。

- type＝"1"表示列表项目采用数字标号(1,2,3…),是默认取值。
- type＝"A"表示列表项目采用大写字母标号(A,B,C…)。
- type＝"a"表示列表项目采用小写字母标号(a,b,c…)。
- type＝"I"表示列表项目采用大写罗马数字标号(I,II,III,…)。
- type＝"i"表示列表项目采用小写罗马数字标号(i,ii,iii…)。

4.5　插入水平线

4.5.1　插入水平线的方法

水平线或称段落级主题分隔(例如故事中的场景变化,或参考书的一部分转换到另一个 主题)。插入水平线的方法:在"文档"窗口中将插入点放在要插入水平线的位置,选择"插 入"→"HTML"→"水平线"菜单命令。

4.5.2　设置水平线的属性

在页面上插入水平线后,选择水平线,属性检查器中会显示出水平线的相关属性,如 图 4.34 所示。

水平线的属性检查器中各选项的作用如下。

(1)"水平线"文本框:指定水平线的 ID。

(2)"宽"和"高"文本框:设置水平线的宽度和高度。宽度的单位有两种:"像素"和％。 "像素"表示忽略窗口缩放,水平线在窗口中显示固定宽度;％(百分比)表示宽度占整个窗口 的比例。调整窗口大小时,水平线将自动调整。

图 4.34　水平线的属性检查器

（3）"对齐"下拉列表框：设置水平线的对齐方式，主要有默认、左对齐、居中对齐和右对齐 4 个选项。当水平线的宽度小于浏览器窗口的宽度时，该设置才适用。

（4）"阴影"复选框：指定绘制水平线时是否带阴影。勾选此复选框后，水平线具有立体感。

（5）"Class"：可用于附加样式表，或者应用已附加的样式表中的类。

水平线的标签是<hr>。在代码中直接输入<hr>也可以在页面中插入一条水平线。

4.6　插入其他基本元素

1. 插入日期

在页面中插入日期的操作方法如下。

（1）将光标放置在页面中需要插入日期的位置。

（2）执行下列操作之一：

- 选择"插入"→"HTML"→"日期"菜单命令。
- 在"插入"面板中，从下拉列表中选择 HTML 类别，从选项列表中选择"日期"命令。

（3）在打开的"插入日期"对话框中选择星期格式、日期格式和时间格式，如图 4.35 所示。如果希望每次保存文档时都更新插入的日期，就勾选"储存时自动更新"复选框。

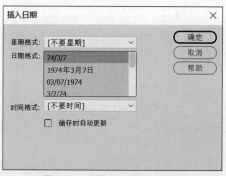

图 4.35　"插入日期"对话框

（4）勾选"储存时自动更新"复选框后，如需对其进行编辑，在页面中单击已设置日期格式的文本，然后在属性检查器中选择"编辑日期格式"即可。

2. 插入特殊字符

进行页面编辑时，一些特殊符号，如版权符号©、注册商标符号®、英镑符号£、左引号等也会用在网页中。在页面中插入特殊字符的方法如下。

（1）将光标放置在页面中需要插入特殊符号的位置。

（2）选择"插入"→"HTML"→"字符"菜单命令，或者在"插入"面板中选择 HTML 类别，然后从选项列表中选择"字符"命令。

3. 插入文件头

文件头位于＜head＞与＜/head＞元素之间。文件头标签是＜meta＞，用于记录当前页面的相关信息，如字符编码、说明、关键字等。

（1）为网页添加关键字。在页面中添加关键字信息，可选择"插入"→"HTML"→"Keywords"菜单命令，在打开的 Keywords 对话框中输入关键字，不同关键字之间用逗号分隔，如图 4.36 所示。单击"确定"按钮后，关键字信息就添加好了。切换到"代码"视图，可以看到已经为页面添加了关键信息，如图 4.37 所示。

图 4.36　Keywords 对话框

图 4.37　在页面中插入关键字

（2）添加页面说明。选择"插入"→"HTML"→"说明"菜单命令，可以为页面添加简要说明信息。如图 4.37 所示，＜meta＞标签中，name＝"description"是添加页面说明。

4.7　上 机 实 践

一、实验目的

（1）掌握新建网页、打开网页、保存网页、预览网页的方法。

（2）掌握网页属性的设置方法。

（3）掌握网页中常用结构元素及其属性的使用。

（4）掌握常用的文字处理操作。

（5）掌握日期、水平线、特殊字符等基本元素的插入方法。

（6）掌握文件头（如说明、关键字等）信息的作用及使用方法。

（7）掌握列表的创建方法以及列表元素的使用。

（8）掌握在网页中使用颜色的方法。

二、实验内容

本次实验的预览效果如图 4.38 所示。

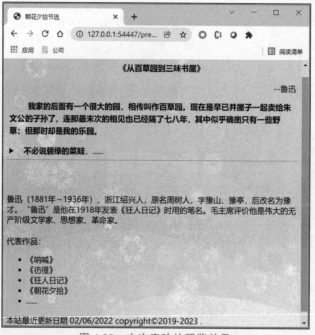

图 4.38　本次实验的预览效果

三、实验步骤

根据图 4.38 所示的预览效果设计网页。在设计过程中，既要熟练掌握 Dreamweaver 菜单的使用，也要熟知常见 HTML 元素的使用。

操作提示：

（1）创建本地站点。

（2）新建网页。

（3）保存新建网页到本地站点文件夹中。

（4）设置网页标题。掌握设置网页标题的几种方法。

（5）在网页中输入文字，并在属性检查器中或"代码"视图中设置文字标题、大小、颜色等。最终达到网页内容充实、排版美观。

（6）掌握换行符、空格符等特殊字符的使用。

（7）在文档中插入水平线。

（8）掌握列表元素的使用及其常用属性。熟知列表符号的样式。

（9）输入版权信息文字，并插入版权元素。

（10）给网页添加关键字（关键字信息为 HTML、CSS、Dreamweaver）。

（11）给网页添加简要说明文字。

4.8　习　　题

一、选择题

1. 文件头元素可以设置页面的(　　)、说明、刷新等信息。

    A. 网格　　　　　　　B. 标尺　　　　　　　C. 字体　　　　　　　D. 关键字

2. Dreamweaver 中换行符的快捷键是(　　)。

    A. Enter　　　　　　B. Shift＋Enter　　　C. Ctrl＋Enter　　　D. Alt＋Enter

3. 在"查找和替换"对话框中单击(　　)按钮,可以打开"搜索"面板,显示搜索文本或标签的所有匹配项。

    A. 查找下一个　　　　B. 查找全部　　　　　C. 替换　　　　　　　D. 替换全部

4. Dreamweaver 中连续输入多个空格的快捷键是(　　)。

    A. Space　　　　　　　　　　　　　　　B. Shift＋Space

    C. Ctrl＋Space　　　　　　　　　　　　D. Ctrl＋Shift＋Space

5. 如果要给页面添加"背景图像",应选择(　　)菜单命令。

    A. "插入"→"图像"　　　　　　　　　　B. "文件"→"页面属性"

    C. "编辑"→"图像"　　　　　　　　　　D. "文件"→"打开"

6. 下面表示换行元素的是(　　)。

    A.
　　　　　　B. <hr>　　　　　　C. <li>　　　　　　D. </p>

7. 在 HTML 代码中,(　　)表示版权符号。

    A. &copy;　　　　　B. 　　　　　C. &reg;　　　　　D. &laquo;

二、填空题

1. 在浏览器中预览页面的方法有_____、_____和_____。

2. 在网页中红色的代码是_____。

3. 在 Dreamweaver 中,换行符的组合键是_____。

4. 在属性检查器中设置文本对齐方式的按钮有 4 个,分别为_____、_____、_____、_____。

三、简答题

1. 如何创建一个新的空白文档? 网页文档的扩展名是什么?

2. 打开"页面属性"对话框有哪几种方法?

3. 给网页设置"标题"有哪几种方法?

4. 保存网页文档后,在文件夹中再次双击文件名会在 Dreamweaver 中打开吗? 要在 Dreamweaver 中打开它,应该怎样做?

5. 网页文档的基本结构由哪几部分组成? 请简单解释。

6. <p>和
的显示效果有何区别?

第5章

超 级 链 接

网站往往由多个网页构成,如果网页之间彼此是独立的,那么网页就好比是孤岛,这样的网站是无法运行的。而超级链接将各个独立的网页文件及其他资源链接起来。本章主要学习超级链接及属性的设置,以及锚记链接、邮箱链接、空链接、下载文件链接等不同链接样式的超级链接的制作方法。

5.1 超级链接概述

浏览网页时,某些网页中有些文字是蓝色的(也可以自己设置成其他颜色),这些文字下面还可能有一条下画线。当移动鼠标指针到这些文字上时,鼠标指针就会变成一只手的形状,此时单击,就可以直接跳到与这些文字相链接的网页或 WWW 网站上,如图 5.1 所示。

图 5.1 超级链接示例

超级链接本质上属于网页的一部分,它是一种允许网页同其他网页或站点进行链接的元素,是网页中最重要、最根本的元素之一。各个网页链接在一起后,才能真正构成一个网站。

访问者通过单击超级链接对象,就可以从一个网页跳转到目标对象。这个目标对象可以是另一个网页,也可以是相同网页上的不同位置,还可以是图片、电子邮件地址、文件、动画,甚至是应用程序。

5.1.1 超级链接的分类

超级链接中由于单击而引起跳转的对象称为超级链接的载体,跳转到的对象称为链接目标。超级链接通常有两种分类方式。

（1）按链接载体的特点，通常把链接分为文本链接与图像链接两大类。

- 文本链接：用文本作为链接载体，简单、实用。
- 图像链接：用图像作为链接载体，能使网页美观、生动活泼，它既可以是指向单个模板的链接，也可以是根据图像不同的区域建立多个链接。

（2）按链接目标，可以将超级链接分为以下几种类型。

- 内部链接：链接目标是本站点的其他文档，用以实现在本站点内跳转。
- 外部链接：链接到本站点之外的其他站点或文档，通过这种链接可以跳转到其他站点。
- 锚点链接：连接到同一网页或不同网页中指定位置的链接，例如网页的顶部、底部或者其他特定位置。
- E-mail 链接：目标是一个电子邮件地址。
- 执行文件链接：链接网站中可执行的程序，常用于下载在线执行。

5.1.2　超级链接标签<a>

HTML 中使用标签<a>表示一个超级链接，字母标签中的 a 为英文单词 anchor（锚）的首字母缩写。有了标签<a>，才有了今天丰富多彩的互联网，超级链接标签<a>是 HTML 中非常重要的一个标签。

HTML 超级链接标签<a>代表一个链接点，它的作用是把当前位置的文本或图片连接到其他的页面、文本或图像，这已是众所周知了，但关于它的语法结构可能有点鲜为人知，而要用活它，则必须了解其语法结构。

标签<a>的基本语法：

```
<a href= "超级链接的目标文件">超级链接的文字</a>
```

访问者浏览网页时，单击"产生超级链接的文字"就可以打开属性 href 设置的"超级链接的目标文件"。

【例 5.1】　超级链接示例。

```
<body>
    <a href="index.htm">点击访问首页</a>
</body>
```

上面的语句将产生一个同文件夹下的超级链接，链接的文件名为 index.htm。没有特定声明情况下，"点击访问首页"这几个字通常有下画线，并且显示成蓝色的文字，如图 5.2 所示。

对于标签<a>，除 href 属性外，还有很多参数需要根据实际情况加以设置，以实现不同的链接效果。

下面详细介绍超级链接标签<a>的几个常用属性及其用法。

1. href 属性

href 是 hypertext reference 的缩略词，用于设定超级链接目标文件的地址（即链接地址）。通常，链接地址必须为 URL 地址，如果没有给出具体路径，则为默认路径，和当前页

图 5.2　例 5.1 的显示效果

的路径相同。

2. title 属性

很多情况下,超级链接的文字不足以描述所要链接的内容,超级链接标签提供了 title 属性,能很方便地给浏览者做出提示。

title 属性的值即提示内容,当浏览者的光标停留在超级链接上时,会在超级链接的附近显示 title 属性设置的提示信息,这样不会影响页面排版的整洁性。

【例 5.2】 title 属性示例。

```
<body>
    <a href="intro.htm" title="笔记本参数指标">Think Pad X220</a>
</body>
```

当鼠标指针移到"Think Pad X220"这个链接上时,显示说明"笔记本参数指标",如图 5.3 所示。

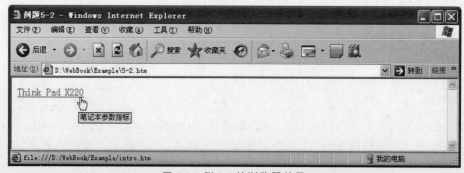

图 5.3　例 5.2 的浏览器效果

3. target 属性

target 用于设置链接的目标对象的显示方式,即指定打开链接的目标窗口。

默认情况下,超级链接打开新页面的方式是自我覆盖。根据浏览者的不同需要,读者可以指定超级链接打开新窗口的其他方式。

超级链接标签提供了 target 属性进行设置,取值分别为以下 5 个。

（1）_self：表示链接的对象在当前窗口打开，此值为默认设置，一般不需要单独设置。

【例 5.3】 target 属性设置为_self 示例。

```
<body>
    <a href="aboutme.htm" target="_self">关于我……</a>
</body>
```

图 5.4 为例 5.3 的初始页面，当鼠标指针单击超级链接文本时，将会在当前浏览器窗口打开并显示 aboutme.htm 页面，如图 5.5 所示，覆盖浏览器窗口原来显示的页面。

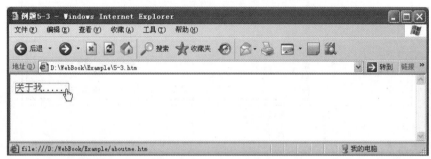

图 5.4　例 5.3 的初始页面

图 5.5　超级链接 target 设置为_self 的效果

注意，这时单击浏览器窗口中的"后退"按钮可以返回单击之前的页面，即 5-3.htm 页面。

（2）_blank：表示链接的对象将在一个新的窗口中打开。

【例 5.4】 target 属性设置为_blank 示例。

修改例 5.3 的超级链接代码为

```
<a href="aboutme.htm" target="_blank">关于我……</a>
```

当鼠标指针单击超级链接文本时，将会新打开一个浏览器窗口并显示 aboutme.htm 页面，如图 5.6 所示，上面是鼠标指针单击超级链接之前的浏览器窗口，下面是单击之后的浏览器窗口。

（3）_new：将链接的文档载入一个新的窗口。

（4）_parent：将链接的文档加载到该链接所在框架的父框架或父窗口。如果包含链接的框架不是嵌套框架，则所链接的文档加载到整个浏览器窗口。

（5）_top：将链接的文档载入整个浏览器窗口，从而删除所有框架。

图 5.6   超级链接 target 设置为_blank 的效果

4. 其他属性

（1）onmouseover：与 onclick 类似，在鼠标指针移到链接点上时被触发。

（2）onmouseout：对应的事件在鼠标指针移出链接点后被触发。

（3）onclick：对应一个事件，当链接点被单击后将触发这个事件，执行对应的子程序。

【例 5.5】   onmouseover 属性示例。

```
<body>
    <a href="other.htm" onmouseover="alert('鼠标悬停效果演示!')">链接</a>
</body>
```

例 5.5 设定了 onmouseover 参数。当鼠标指针移到这个链接上时，弹出一个警告对话框，显示"鼠标悬停效果演示!"文字，如图 5.7 所示。

图 5.7   超级链接 onmouseover 属性演示

5.2   绝对路径与相对路径

网络上每一个文件都有自己的存放位置和路径，理解一个文件与要链接的文件之间的路径关系是创建链接的根本。根据参考对象的不同，网络资源的路径一般分为绝对路径和相对路径两种。

　　理解绝对路径与相对路径的概念,对于设计网页中的超级链接是非常有帮助的。如果设置超级链接时使用了错误的文件路径,就会导致浏览器无法打开指定的文件,或做好的网页在本地机器上可以正常浏览,而把页面上传到其他机器(如服务器)上就会出现无法显示文件或图片等错误。

　　下面学习什么是绝对路径和相对路径。

5.2.1　绝对路径

　　使用计算机时,如果要找到某个文件,首先必须知道此文件的具体位置(计算机磁盘上的存储路径)。例如,路径 E：/myweb/news/index.html,说明 index.html 文件在 E 盘的 myweb 目录下的 news 子目录中。类似于这样完整地描述本地文件位置的路径就是磁盘绝对路径。由于网站在本地制作测试完毕后需要发布在 Web 服务器上,而大多情况下,发布者并不能选择服务器磁盘位置,这样网站发布到 Web 服务器之后,会由于路径问题而导致无法打开超级链接文件。这也就是为什么当把 A 计算机上制作的网站复制到 B 计算机上时,某些页面无法浏览的原因。因此,制作超级链接时,不能采用磁盘绝对路径。

　　网页制作时,有时使用一种称为 URL 的绝对路径表示方法。绝对路径提供所链接文档的完整 URL,其中包括所使用的协议(如对于网页面,通常为 http：//),例如,https://tieba.baidu.com/index.html。对于图像资源,完整的 URL 可能类似于 https://www.edu.cn/rd/gao_xiao_cheng_guo/gao_xiao_zi_xun/202105/W020210527350171249780.jpg。必须使用绝对路径,才能链接到其他服务器上的文档或资产。

5.2.2　相对路径

　　制作网站时,需要访问的文件往往在同一网站内,由于同一网站下的每个网页都在同一地址下,因此,不需要为每个链接输入完整的地址,只确定当前文件与站点根目录之间的相对路径就可以了。

　　相对路径是以当前文件所在路径为起点(参照),进行相对文件的查找。一个相对路径不包括协议和主机地址信息,它的路径与当前文件的访问协议和主机名相同,甚至有相同的目录路径。因此,相对路径通常只包含文件夹名和文件名,甚至只有文件名。可以用相对路径指向与源文件位于同一服务器或同文件夹中的文件。此时,浏览器链接的目标文件处在同一服务器或同一文件夹下。

- 如果链接到同一目录下,则只需输入要链接文件的名称。
- 要链接到下级目录中的文件,只需先输入目录名,然后加"/",再输入文件名。
- 要链接到上级目录中的文件,则先输入"../",再输入文件名。

相对路径的用法：

```
herf="shouey.html"          shouey.html 是本地当前路径下的文件
herf="web/shouey.html"      shouey.html 是本地当前路径下 web 子目录下的文件
herf="../shouey.html"       shouey.html 是本地当前目录的上一级子目录下的文件
herf="../../shouey.html"    shouey.html 是本地当前目录的上两级子目录下的文件
```

下面举例说明：

假设 newsinfo.html 文件和 index.html 文件的位置关系，如图 5.8 所示。

图 5.8   相对路径使用

在 index.html 中加入 newsinfo.html 超级链接的代码应该这样写：

```
<a href = "news/newsinfo.html">newsinfo.html</a>
```

其完整的代码参见例 5.6。

【例 5.6】   相对路径示例。

```
<body>
    <a href = "news/newsinfo.html">newsinfo.html</a>
</body>
```

反之，在 newsinfo.html 中加入 index.html 超级链接的代码应该这样写：

```
<a href = "../index.html">index.html</a>
```

链接本地机器上的文件时，应该使用相对路径，这样，不仅在本地机器环境下适合，就是上传到网络或其他系统下，也不需要进行多少更改就能准确链接。

5.2.3   创建超级链接

在 Dreamweaver 中创建超级链接十分简单，首先要确定超级链接的源（起始）。超级链接的源可以是文字、图像或其他对象。

选定超级链接的源之后，可以通过以下方法设置链接。

方法一：直接在"属性"面板的链接栏输入要链接的目标。

如图 5.9 所示，要链接到中国教育网，则在"链接"栏输入中国教育网的网址 https://www.edu.cn/。

图 5.9   在属性面板直接输入要链接的对象

方法二：如果要链接在本站点的其他文件，还可以单击"链接"栏旁边的文件夹图标，如图 5.10 所示。

图 5.10　通过文件夹图标制作超级链接

这样可以打开如图 5.11 所示的"选择文件"对话框,在此对话框中使用浏览方式选择需要链接到的网页文件。

图 5.11　"选择文件"对话框

方法三:如果要链接本站点的其他文件,还可以通过拖动"属性"面板中"链接"栏的"指向文件"图标,直接指向要链接的目标网页文件,如图 5.12 所示。这种方法更加形象直观,操作简单。

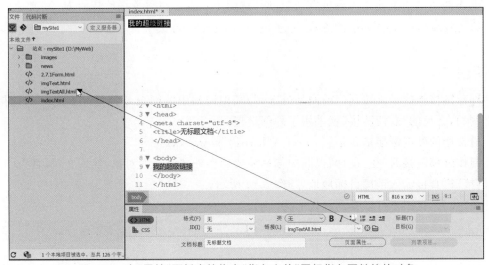

图 5.12　在"属性"面板直接拖曳"指向文件"图标指向要链接的对象

5.3 使用 Dreamweaver 制作各种超级链接

本节主要介绍各种典型超级链接的具体制作方法和步骤，链接的设置均可以通过"属性"面板来完成。

5.3.1 内部链接

所谓内部链接，指的是在同一网站内部，不同的 html 页面或者资源之间的链接关系。在建立网站内部链接时，要明确哪个是主链接文件（即当前页），哪个是被链接文件。

制作内部链接的具体步骤如下。

首先，在"设计"视图中通过鼠标拖曳选中需要制作超级链接的文本，然后在"属性"面板中单击源文件旁边的文件夹图标选择链接文件夹。在"选择文件"对话框中，这里选择 news 文件夹下的 newsinfo.html 文件。

完成上述步骤以后，在"设计"视图中单击超级链接文字，在"属性"面板中可以设置此超级链接的目标，如图 5.13 所示，在下拉列表框中选择即可。

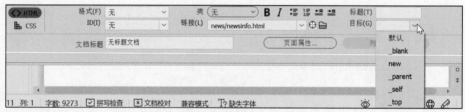

图 5.13 设置内部链接的目标

最后，保存对网页文件的操作，按 F12 键在浏览器中预览网页效果。

上述操作所产生的源代码可以在"代码"视图下查看。超级链接的代码为

```
<a href="news/newsinfo.html" target="_self">新闻</a>
```

5.3.2 外部链接

外部链接指的是跳转到当前网站外部，与其他网站中的网页或其他元素之间的链接关系。例如，常见的"友情链接"就采用了外部链接。

最常用的外部链接格式是＜a href＝"http://www.xxx.yyy"＞。

制作外部链接时，在"设计"视图中选择需要制作外部链接的对象，然后在"属性"面板中的"链接"栏直接输入链接目标地址，如图 5.14 所示。

在"代码"视图下可以看到源代码为

```
<a href="http://www.sina.com.cn" target="_blank">友情链接：新浪网</a>
```

5.3.3 锚记链接

通常，浏览器显示网页时，如果访问的网页内容比较多，必将导致页面很长。浏览时需要不断地拖动浏览器的滚动条，才能看到网页下部的内容，既费时，又费力。超级链接中有

图 5.14　制作外部链接

一种称为锚记(或者"锚点")的链接,其功能类似书签,能帮助访问者快速定位到页面中感兴趣的部分。因此,超级链接中的锚记链接也称作书签链接。

制作时需要分两步完成:首先,在网页中任意选定位置,超级链接标签<a>的 name 属性用于定义锚的名称,一个页面可以定义多个锚;然后制作超级链接,通过设置超级链接的 href 属性可以根据 name 跳转到对应的锚。注意,在锚名称前面要加"♯"符号。

1. 跳到本页面的锚记链接

第一步:制作锚记。

打开需要制作锚记的页面,在"设计"视图下,让鼠标指标停留在需要插入锚记的位置,选中需设置"锚记"的位置,切换到"代码"视图,输入<a name="chap1"></a>。"chap1"是锚记名称。锚记名称可以是字母、数字等,尽量做到"见名知意"。本例中,将网页"正文"部分的"六月二十九　爪哇海上(1)"制作成锚点。设置锚点后,"设计"视图的相应位置处会出现一个金色书签的图标,其效果如图 5.15 所示。

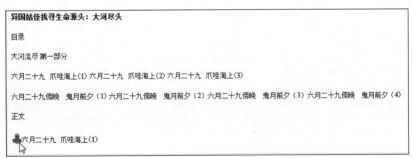

图 5.15　插入锚记后的效果

从"代码"视图中可以看到锚记的 HTML 源代码:

```
<a name="chap1" id="chap1"></a>六月二十九　爪哇海上(1)
```

第二步:制作锚记链接。

锚记链接即链接到网页锚记的超级链接。首先选中要制作超级链接的对象,例如单击 book_big.html 网页中"目录"部分的"六月二十九　爪哇海上(1)"文字,将本网页的正文部分的"六月二十九　爪哇海上(1)"内容展示在最佳位置。

下面通过两种方法实现。

方法一：菜单法。

在"设计"视图下选中要制作锚记链接的对象，选择"插入"→"Hyperlink"菜单命令，在打开的如图 5.16 所示的"Hyperlink"对话框中可以看到，刚才选中的文本已经自动显示在"文本"栏，因此单击"链接"栏右侧的下拉框，就可以看到本网页中已经制作的锚点，选择需要链接的锚点子项即可，本例中选择＃chap1。

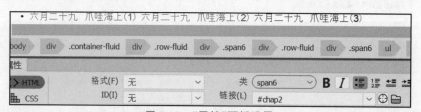

图 5.16　"Hyperlink"对话框

对文本对象制作锚点链接，推荐此方法。

从"代码"视图中可以看到锚记的 HTML 源代码：

```
<a href="#chap1">六月二十九　爪哇海上(1)</a>
```

从上面的源代码可以看出，链接到锚点的超级链接的 href 属性值为前面定义的具体锚点的名称。

方法二："属性"面板法。

在页面中选择要建立锚链接的对象，接着在"属性"面板的"链接"栏文本框中输入需要跳转到的锚点名。注意：锚记名称前一定要加"＃"字符。如图 5.17 所示，输入＃chap2。

![图5.17 属性面板设置]

图 5.17　"属性"面板设置

2. 链接到其他页面的指定内容位置

方法与上例类似，但在 href 参数中的链接点名称前要加上网页文件名。例如，有两个网页 index.htm 和 webpage.htm。webpage.htm 有两部分内容，现要在 index.htm 中制作一个超级链接，单击该链接后，将转到 webpage.htm 的第二部分内容上。可以这样操作：首先在 webpage.htm 第二部分内容开始的地方写上代码＜a name＝"锚点名称"＞＜/a＞；然后在 index.htm 中制作一个超级链接，其代码为＜a href＝" webpage.htm＃锚点名称"＞webpage 的第二部分内容＜/a＞。

总结如下。

（1）在同一页面，要使用链接的地址：

```
<a href="#锚点名称" target="窗口名称">超链接标题名称</a>
```

（2）在不同页面，要使用锚点链接的地址：

```
<a href="URL 地址#锚点名称" target="窗口名称">超链接标题名称</a>
```

（3）定义锚点代码：

```
<a name="锚点名称"></a>
```

5.3.4　邮箱链接

浏览网页时，通常会看到如图 5.18 所示的超级链接。单击超级链接后，将启动客户机上的电子邮件管理软件（如 FoxMail）自动给指定邮箱写信，并且联系人的地址已经写好。

> 版权所有：中国教育和科研计算机网网络中心　Copyright ©1994-2022　CERNIC,CERNET　京ICP备15006448号-16　京网文[2017]10376-1180号
> 关于假冒中国教育网的声明 | 有任何问题与建议请联络：Webmaster@cernet.com

图 5.18　中国教育科研网（http://www.edu.cn/）网页底部的邮箱链接

电子邮箱超级链接也称为电子邮件超链接，简称邮箱链接，它直接设置链接目标指向邮箱，方便访问者直接发送邮件到指定的邮箱。

那么，在 Dreamweaver 中如何设置一个邮箱链接呢？

这里推荐两种常用方法。

方法一：选中需要制作邮箱链接的文本（如"联系我"），然后直接使用"属性"面板，在"链接"栏输入格式为 mailto：aaa@bbb.ccc 的内容即可，其中，aaa@bbb.ccc 为收件方的真实电子邮箱地址，如图 5.19 所示，输入 mailto：vicky@163.com。

图 5.19　"属性"面板设置方式

方法二：选中需要制作邮箱链接的文本，使用"插入"面板中的"电子邮件链接"命令，打开的对话框如图 5.20 所示，在"电子邮件"栏输入邮箱地址，然后单击"确定"按钮。也可以通过"插入"面板中的"电子邮件链接"图标打开如图 5.20 所示的对话框。

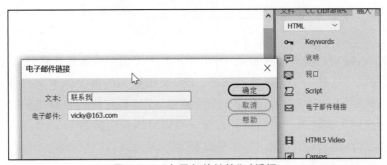

图 5.20　"电子邮件链接"对话框

在"代码"视图中可以看到邮箱链接的 HTML 源代码：

```
<a href="mailto:vicky@163.com" >联系我</a>
```

5.3.5 下载文件链接

使用 Dreamweaver 制作下载文件超级链接十分简单，按照本书前面制作超级链接的方法，将"链接"栏设置为要下载的文件即可，如 web.rar。需要注意的是，一定要将链接文件上传至 Web 服务器，并且在设置"链接"时使用相对路径以及需要下载的文件全名。如果下载的文件是网页文件，就需要提前压缩此网页文件，将压缩文件设置为下载文件。

制作文件下载链接时，首先制作好待下载的文件，将其放在站点中，然后选中链接对象，按照超级链接制作方式使其链接到需要下载的文件。如图 5.21 所示，在"设计"视图下选中文本"文件下载"，然后通过"属性"面板的"指向文件"的方式指向 myfile.rar 文件。

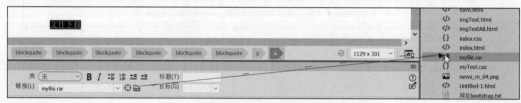

图 5.21 设计视图操作

完成上述步骤后保存，在"代码"视图中可以看到下载文件超级链接的 HTML 源代码：

```
<a href="myfile.rar">文件下载</a>
```

5.3.6 空链接

在图 5.22 中，"设计"视图的"学生世界"超级链接的"属性"面板中"链接"所对应的输入框中的默认值为一个"♯"符号，这个"♯"符号在网页设计中表示一个空链接。这种链接，在浏览器中浏览时可以看到超级链接的效果（鼠标指针移到相应文字或图片上时，会变为手形），但是单击后并不具备跳转功能，仍然停留在当前页面。

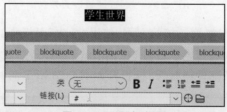

图 5.22 "设计"视图

有些情况下，特别是网页制作初期，制作者并不希望用户单击超级链接标记后页面会发生跳转，而只是设计这样一个超级链接效果，或者要跳转到的那个网页文件尚未完成，通过在"链接"输入框中输入"♯"符号，放置一个空链接，等待确定跳转目标之后，再将"链接"输入框的值改为该网页文件名。从"代码"视图中可以看到空链接的 HTML 源代码：

```
<a href="♯">学生世界</a>
```

5.3.7　图像超级链接

超级链接不仅能以文本为载体,也能以图像为载体。通常,文本链接带下画线且与其他文字颜色不同,图像链接一般带有边框显示。用图像做链接时,只要把显示图像的标签<img>嵌套在<a href="url"></a>之间,就能实现图像链接的效果。当鼠标指针指向这个图像时会变成手状,单击这个图像可以访问指定的目标文件。

制作图像超级链接时,首先在"设计"视图中选中图像对象,然后通过单击"属性"面板的"指向文件"或者"浏览文件"图标选择此超级链接的目标文件,如图 5.23 所示为使用"指向文件"方法。

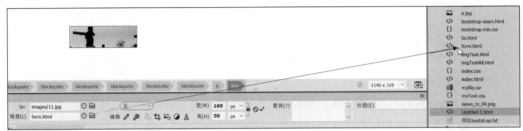

图 5.23　"设计"视图制作方法

在"代码"视图下可以看到图像超级链接的 HTML 代码:

```
<a href="form.html"><img src="images/11.gif" width="160" height ="50" border=
"0" /></a>
```

从上面的代码可以看出,图像超级链接只是将<img>标签所代表的图像嵌套在超级链接标签<a>中。

5.4　超级链接的显示效果设置

通常,浏览具有超级链接的网页时,如果超级链接没有访问过,则显示为蓝色且带下画线(文本超级链接),当单击页面中的链接,页面跳转,此时单击浏览器的"后退"按钮,回到原始页面,文本链接的颜色变成紫色(表示此链接已经被访问过)。

通过 Dreamweaver 的页面属性可以设置超级链接的样式来区分超级链接文字与一般文字。另外,设置超级链接的样式还可以展示网页的个性化。

在编辑状态下,单击"属性"面板中的"页面属性"按钮,进入"页面属性"对话框,选择左边分类的"链接(CSS)",如图 5.24 所示,可以设置链接字体、大小、链接颜色、变换图像链接、已访问链接、活动链接、下画线样式等。

(1) 链接颜色:指的是超级链接未访问时在浏览器中显示的颜色。

(2) 已访问链接:指已访问过的超级链接显示的颜色。

(3) 变换图像链接:指当鼠标指针经过或者放置在文字超级链接上时,超级链接的颜色。

(4) 活动链接:指鼠标指针放在超级链接上并且按下鼠标左键时超级链接显示的颜色。

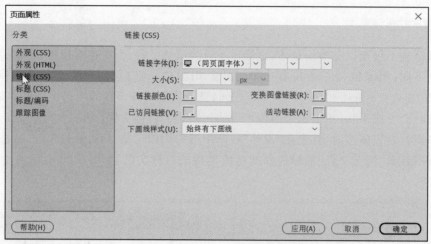

图 5.24　通过"页面属性"对话框设置超级链接效果

（5）下画线样式有 4 种选项，其后两种选项的含义分别为：

* 仅在变换图像时显示下画线：表示浏览器中的文本超级链接不显示下画线，仅当鼠标指针经过或者鼠标指针放置在超级链接上时显示下画线，鼠标指针移开后没有下画线。
* 变换图像时隐藏下画线：与上面的选项效果相反。

5.5　上 机 实 践

一、实验目的

（1）掌握超级链接的基本 HTML 源代码和种类。

（2）能熟练设置文本链接。

（3）能熟练设置锚点链接和邮箱链接。

二、实验内容

首先准备好实验所需要的 3 个网页：index.html、libai.html、tianmu.html。

网页 index.html 浏览器效果如图 5.25 所示，文字显示在网页的左侧，单击【诗人小传】，会在新的 IE 窗口打开 libai.html；单击"梦游天姥吟留别"，会打开 tianmu.html；单击"长干行"，会打开 tianmu.html，且跳转到 tianmu.html 网页的"长干行"处。此页面超级链接属性设置如下：当鼠标指针经过或者放置在超级链接上时显示下画线，未访问的超链接颜色为 ♯0066CC；已经访问过的链接颜色为 ♯FF00CC；鼠标指针经过时的链接颜色为 ♯66FF33；鼠标按下时的链接颜色为 ♯FF0000。

网页 libai.html 浏览器效果如图 5.26 所示，文字内容居中。选中网页下部的文本"联系网站管理员"，在"属性"面板的"链接"文本框中输入"mailto："，然后在它后面输入电子邮件地址，如 webmaster@163.com。

网页 tianmu.html 浏览器效果如图 5.27 所示，在文字"梦游天姥吟留别"处制作锚点 tianmu；在文字"长干行"前设置一个名称为 changganxing 的锚点。在网页下部添加一行文字"返回页面顶部"，单击返回锚点 tianmu。由于网页过长，因此图 5.27 只截取上半部分网页内容，下半部分格式与之一致。

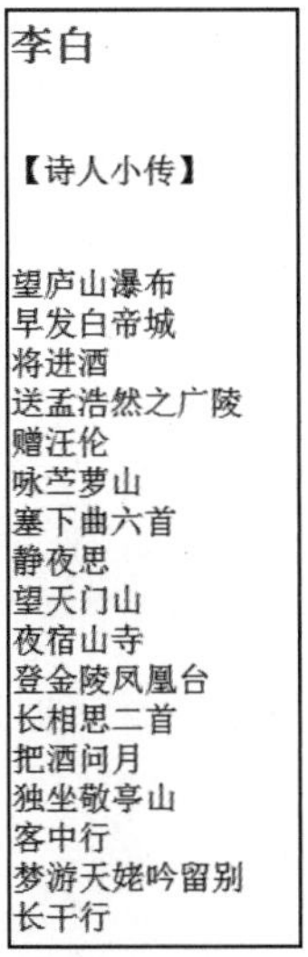

李白

【诗人小传】

望庐山瀑布
早发白帝城
将进酒
送孟浩然之广陵
赠汪伦
咏苧萝山
塞下曲六首
静夜思
望天门山
夜宿山寺
登金陵凤凰台
长相思二首
把酒问月
独坐敬亭山
客中行
梦游天姥吟留别
长干行

图 5.25　网页 index.html
　　　　浏览器效果

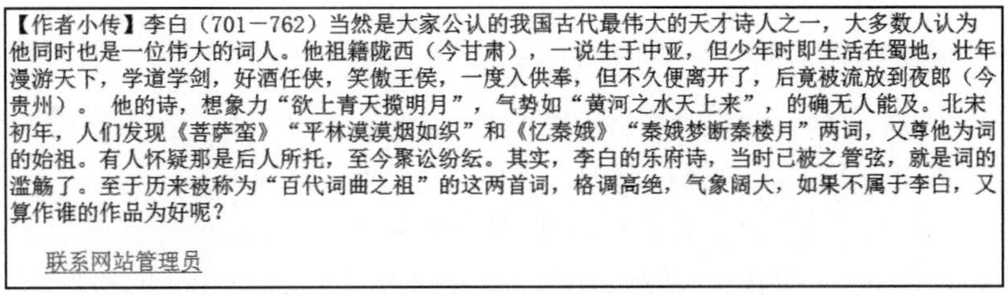

【作者小传】李白（701－762）当然是大家公认的我国古代最伟大的天才诗人之一，大多数人认为他同时也是一位伟大的词人。他祖籍陇西（今甘肃），一说生于中亚，但少年时即生活在蜀地，壮年漫游天下，学道学剑，好酒任侠，笑傲王侯，一度入供奉，但不久便离开了，后竟被流放到夜郎（今贵州）。　他的诗，想象力"欲上青天揽明月"，气势如"黄河之水天上来"，的确无人能及。北宋初年，人们发现《菩萨蛮》"平林漠漠烟如织"和《忆秦娥》"秦娥梦断秦楼月"两词，又尊他为词的始祖。有人怀疑那是后人所托，至今聚讼纷纭。其实，李白的乐府诗，当时已被之管弦，就是词的滥觞了。至于历来被称为"百代词曲之祖"的这两首词，格调高绝，气象阔大，如果不属于李白，又算作谁的作品为好呢？

联系网站管理员

图 5.26　网页 libai.html 浏览器效果

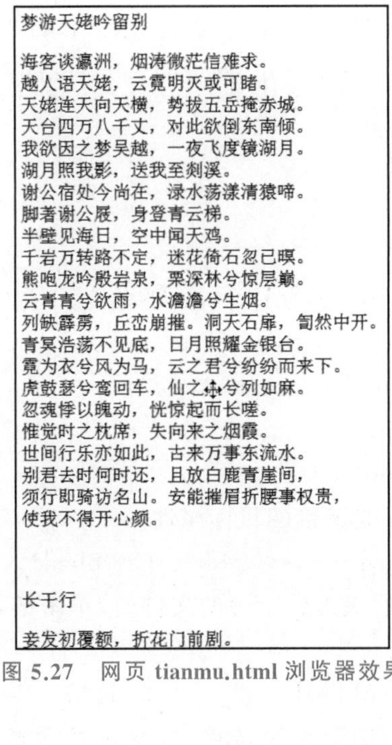

梦游天姥吟留别

海客谈瀛洲，烟涛微茫信难求。
越人语天姥，云霓明灭或可睹。
天姥连天向天横，势拔五岳掩赤城。
天台四万八千丈，对此欲倒东南倾。
我欲因之梦吴越，一夜飞度镜湖月。
湖月照我影，送我至剡溪。
谢公宿处今尚在，渌水荡漾清猿啼。
脚著谢公屐，身登青云梯。
半壁见海日，空中闻天鸡。
千岩万转路不定，迷花倚石忽已暝。
熊咆龙吟殷岩泉，栗深林兮惊层巅。
云青青兮欲雨，水澹澹兮生烟。
列缺霹雳，丘峦崩摧。洞天石扉，訇然中开。
青冥浩荡不见底，日月照耀金银台。
霓为衣兮风为马，云之君兮纷纷而来下。
虎鼓瑟兮鸾回车，仙之人兮列如麻。
忽魂悸以魄动，恍惊起而长嗟。
惟觉时之枕席，失向来之烟霞。
世间行乐亦如此，古来万事东流水。
别君去时何时还，且放白鹿青崖间，
须行即骑访名山。安能摧眉折腰事权贵，
使我不得开心颜。

长干行

妾发初覆额，折花门前剧。

图 5.27　网页 tianmu.html 浏览器效果

三、实验步骤

（1）新建 3 个空白 HTML 文档，分别保存为 index.html、libai.html、tianmu.html。

（2）在 Dreamweaver 中打开 index.html 网页，单击"设计"视图，选中文本【诗人小传】。选择"插入"→"超级链接"菜单命令，在对话框中将自动显示刚才选中的文本【诗人小传】。

①　在"链接"输入栏中单击右侧的文件夹图标，打开"选择文件"对话框，从中选择超级链接的目标文件，本例中选择 libai.html 文件。

②　单击"目标"下拉列表框，由于实验要求在新的选项卡中打开目标网页，所以选择_blank选项。

③ 在"标题"输入栏中输入超级链接的标题，即提示性文本，其设置的内容为超级链接的 title 属性，本例中输入"李白生平简介"。

☞提示：在"Tab 键索引"文本框中输入 Tab 键顺序的编号。在"访问键"文本框中输入键盘等价键（一个字母），以便在浏览器中选择该超级链接。本例中不进行设置，感兴趣的读者可自行设置并测试其效果。

（3）通过"属性"选项卡依次制作 index.html 页面倒数第一行与倒数第二行的超级链接，均链接到 tianmu.html 页面。

（4）在"文件"面板中，双击 libai.html 在"设计"视图中打开此文件，将文本粘贴至"设计"视图，并按照自己的喜好调整即可。

（5）同样，在"设计"视图中打开 tianmu.html 页面，粘贴文本内容后按照图 5.28 的效果排版，并在网页最后一行添加文本段落"返回页面顶部"。

① 在文字"梦游天姥吟留别"处制作锚点 tianmu。

② 在文字"长干行"前设置一个名称为 changganxing 的锚点。

③ 选中网页最后一段文本"返回页面顶部"，设置其链接到锚点 tianmu。

（6）打开 index.html 网页，选中超级链接"长干行"，在"属性"选项卡中的"链接"输入栏中增加"＃changganxing"。最终，超级链接"长干行"的链接为 tianmu.html＃changganxing，表示其跳转到 tianmu.html 网页的名为 changganxing 的锚点位置处。

5.6 习　　题

一、选择题

1. 要将页面的当前位置定义成名为 myphoto 的锚点，下列定义方法中正确的是（　　）。
   A. ＜a href＝"myphoto"＞＜/a＞
   B. ＜a href＝"＃myphoto"＞ myphoto ＜/a＞
   C. ＜a name＝myphoto＞
   D. ＜a name＝"myphoto"＞＜/a＞

2. 在 HTML 中，（　　）不是链接的目标属性。
   A. _self　　　　　　B. new　　　　　　　C. _blank　　　　　D. _top

3. 通常，当超级链接指向后缀为（　　）的文件时，单击链接不打开该文件，而是提供给浏览器下载。
   A. TXT　　　　　B. HTML　　　　　C. RAR　　　　　D. CGI

4. 若要在页面中创建一个图形超级链接，要显示的图形为 163.jpg，所链接的地址为 http://www.163.com，以下用法中正确的是（　　）。
   A. ＜a href＝"http://www.163.com"＞163.jpg＜/a＞
   B. ＜a href＝"http://www.163.com"＞＜img src＝"163.jpg"＞＜/a＞
   C. ＜img src＝"163.jpg"＞＜a href＝"http://www.163.com"＞＜/a＞
   D. ＜a href＝http://www.163.com＞＜img src＝"163.jpg"＞

5. 下列（　　）项是在新窗口中打开网页文档。
   A. _self　　　　　B. _blank　　　　　C. _top　　　　　D. _parent

6. 以下创建邮箱链接的方法,正确的是(　　)。

    A. ＜a href＝"webmaster@163.com"＞管理员＜/a＞

    B. ＜a href＝"callto：webmaster@163.com"＞管理员＜/a＞

    C. ＜a href＝"mailto：webmaster@163.com"＞管理员＜/a＞

    D. ＜a href＝"Email：webmaster@163.com"＞管理员＜/a＞

二、填空题

1. 超级链接的 HTML 标记是_____。

2. 写出常用的 3 个超级链接的目标：_____、_____、_____。

3. 如果需要单击"联系我"文字给邮箱 youandme@163.com 发邮件,则"链接"栏应该输入_____。

三、简答题

1. 如何去除链接的下画线?

2. 如何设置页面的链接样式?

3. 简要说明什么是相对路径、绝对路径。

4. 设置锚点的语句是什么?

5. 如何设置网页的已访问链接的颜色?

第6章

在网页中使用图像

图像是网页中最重要的元素之一。纯文本的页面会显得单调、枯燥、缺乏吸引力,在文本的基础上,向网页中添加一些色彩绚丽的图像,产生图文并茂的显示效果,页面就会更加生动、富有吸引力。图像不但能美化网页,在页面中插入图像还可以传递更丰富的信息,加深浏览者的印象,也可以起到对文本内容的补充作用。本章学习在网页中插入图像、图像标签、图像热区等内容。

6.1 插 入 图 像

网页中常用的图像格式是 GIF、JPEG 和 PNG。

GIF 意为 Graphics Interchange Format(图形交换格式),GIF 图片的扩展名是.gif。现在所有的图形浏览器都支持 GIF 格式,而且有的图形浏览器只认识 GIF 格式。GIF 图形文件以 256 种颜色重现真彩色的图像。它实际上是一种压缩文档,有效地减少了图像文件在网络上传输的时间。GIF 最适合显示色调不连续或具有大面积单一颜色的图像,例如导航条、按钮、图标、徽标或其他具有统一色彩和色调的图像。

JPEG(发音为 jay-peg)代表 Joint Photographic Experts Group(联合图像专家组),JPEG 图片的扩展名为.jpg。JPEG 最主要的优点是能支持上百万种颜色,从而可用来表现照片。它是一种针对相片影像而广泛使用的失真压缩标准方法。随着 JPEG 文件品质的提高,文件的大小和下载时间也会随之增加。通常,可以通过压缩 JPEG 文件在图像品质和文件大小之间达到良好的平衡。

PNG 的英文名称为 Portable Network Graphics,即便携式网络图片。另有说法是名称来源于非官方的 PNG is Not GIF。PNG 是一种非失真性压缩位图图形文件格式。PNG 格式允许使用类似于 GIF 格式的调色板技术,支持真彩色图像,并具备 Alpha 通道(半透明)等特性。PNG 格式的图片因具有高保真性、透明性及文件体积较小等特性,所以广泛应用于网页设计、平面设计中。

GIF 与 JPEG 格式的图片对比:GIF 格式仅为 256 色,而 JPEG 格式支持 1670 万种颜色。如果颜色的深度不是那么重要或者图片中的颜色不多,就可以采用 GIF 格式的图片;反之,则采用 JPEG 格式的图片。另外,GIF 格式文件解码速度快,而且能保持更多的图像细节;而 JPEG 格式文件虽然下载速度快,但解码速度较 GIF 格式慢,图片中鲜明的边缘周围会损失细节,因此,若想保留图像边缘细节,应采用 GIF 格式。

JPEG 与 PNG 格式的图片对比:JPEG 在照片压缩方面拥有很大的优势,这方面无可替代,但是 JPEG 是有损压缩,图片质量会有损失。另外,一般屏幕截屏用 PNG 格式,其不但比 JPEG 质量高,而且文件更小。

GIF 与 PNG 格式的图片对比:GIF 只在简单动画领域有优势(其实,GIF 256 色限制以及无损压缩机制导致高质量的动画的发布一般都使用 Flash 等格式),只要没有动画,PNG 完全可以取代 GIF。总的来说,GIF 分为静态 GIF 和动画 GIF 两种。GIF 是一种压缩位图格式,支持透明背景图像,适用于多种操作系统,"体型"很小,网上很多小动画都是 GIF 格式。其实,GIF 将多幅图像保存为一个图像文件,从而形成动画,所以归根到底,GIF 仍然是图片文件格式。但 GIF 只能显示 256 色。和 JPEG 格式一样,这是一种在网络上非常流行的图形文件格式,网页中的动态图片一般都是 GIF 格式的。

在网络中,一般小图标中很多图片都采用 PNG 格式,PNG 是一种图片存储格式,可直接作为素材使用,因为它有一个非常好的特点:背景透明。制作图片时选择什么格式输出,主要根据图片格式特性来选择。

图像会使网页下载时间大大增加。要使网页变得精彩,除网页上的内容精彩外,一定注意网页下载速度,重要措施就是选择适当的图像格式,合理控制图像的质量和容量。

6.1.1　插入图像的方法

首先将光标定位在网页中要显示图像的地方,然后就可以插入图像了。插入图像可以采用以下方法之一。

方法一:选择"插入"→"Image"菜单命令。

方法二:选择"窗口"→"插入"菜单命令,打开"插入"面板,在选项框中选择"HTML"选项类别,然后单击"Image"选项。

以上两种方法都可以打开"选择图像源文件"对话框,在"选择图像源文件"对话框中选择图像文件后,单击"确定"按钮,即可将选定的图像插入页面的光标处。将图像插入 Dreamweaver 文档时,HTML 源代码中会生成对该图像文件的引用。如果图像不在当前站点中,Dreamweaver 会询问是否将此文件复制到当前站点中。为了确保此引用的正确性,该图像文件必须位于当前站点中,否则,预览网页时,该图像可能无法显示。

方法三:在"设计"视图下将图像从"资源"面板("窗口"→"资源")拖动到"文档"窗口中的所需位置。

方法四:在"设计"视图下将图像从"文件"面板("窗口"→"文件")拖动到"文档"窗口中的所需位置。

在"实时视图"模式下,选中插入页面中的图像,这时图像四周会出现一个蓝色线框,并且图像左上角或左下角会出现"元素显示" ![img +],如图 6.1 所示。"元素显示"提示的出现是因为在实时视图中单击选择了 HTML 元素,或者单击了 DOM 面板中的 HTML 元素。

单击"元素显示"中的图标 ☰,编辑 HTML 属性,打开图像快速属性检查器,通过图像的快速属性检查器在实时视图中编辑属性,如图 6.2 所示。

其中包含的图像属性如下。

(1) src:指示的是图像文件的路径和文件名。

(2) alt:表示的是图像的替代文本。

(3) width:图像在页面上的宽度。

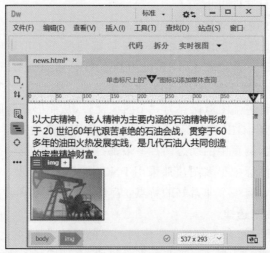

图 6.1　元素显示

图 6.2　通过图像快速编辑栏修改图像属性

（4）height：图像在页面上的高度。

（5）link：给图像添加超级链接文件。

单击"元素显示"右侧的"＋"，添加类/ID 图标，打开类/ID 输入框，在输入框中输入类/ID 名称即可快速方便地为该图像添加样式修饰的类/ID 名称。多次单击"＋"，添加类/ID 图标，可以输入多个类或 ID 名称。输入类/ID 名称后，按 Enter 键或单击添加类/ID 图标＋，出现如图 6.3 所示的询问框，其中"选择源"规定了此处输入的"类/ID"是在本页面定义还是在 CSS 文件中。"选择源"列表框中可能出现的选项有以下几个。

（1）在页面中定义：选择此选项，则会在页面代码中自动生成＜style＞标签。

（2）＜style＞：添加的类或 ID 会被添加到当前页面中的＜style＞标签中。

（3）已链接的 CSS 文件名：添加的类或 ID 会被添加到该 CSS 文件中。

（4）创建新的 CSS 文件：创建 CSS 文件，并将添加的类或 ID 添加到 CSS 文件中。

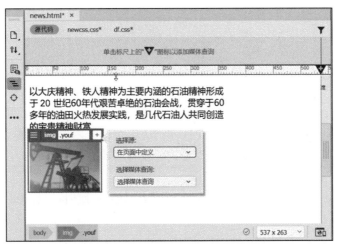

图 6.3　通过"元素显示"给图像指定样式

6.1.2　设置图像属性

单击页面中插入的图像,即可选中图像,在图像属性检查器中设置图像的属性,如图 6.4 所示。可以通过选择"窗口"→"属性"菜单命令,或按 Ctrl+F3 组合键,打开或关闭属性检查器。

图 6.4　图像属性检查器

其中的参数介绍如下。

(1) ID:属性检查器左上角会显示选中图像的缩略图,图像的右边会显示它的字节数。用户可以在 ID 文本框内输入图像的名称,以便在进行脚本撰写语言(如 JavaScript)时使用该名称引用图像。

(2) Src:该文本框内给出了图像文件的路径和文件名。文件路径可以是绝对路径(如 file:///D:/myproject/top1.jpg,图像文件不在当前站点文件夹内),也可以是相对路径(如 shtix/images/mtop.jpg,图像文件在当前站点文件夹内)。单击 Src 文本框右边的"浏览文件"按钮,打开"选择图像源文件"对话框,利用它可以更换图像。单击 Src 文本框右边的"指向文件"按钮,按住鼠标左键将其拖动到站点内相应的图像文件上(可以看到有一条从指向文件按钮到站点中图像文件的一条线)后松开鼠标即可将图像插入页面。

(3) 链接:指定图像的超级链接。文本框内给出被链接文件的路径。可以在文本框内直接输入链接地址 URL,或者单击"指向文件"图标⊕并按住鼠标左键不放拖曳到"文件"面板要链接的文件上。还可以单击该文本框右边的"浏览文件"按钮,打开"选择文件"对话框,在对话框中选择要链接的文件。

超级链接所指向的对象可以是一个网页,也可以是一个具体的文件。设置图像链接后,用户在浏览网页时只要单击该图像,即可打开相关的网页或文件。

(4) 宽、高:图像的宽度和高度,以像素表示。在页面中插入图像时,Dreamweaver 会自动用图像的原始尺寸更新这些文本框。也可以在文本框中输入数值来设定图像在页面中显示的大小。若要恢复原始值,请单击"宽"和"高"文本框标签,或单击用于输入新值的"宽"和"高"文本框右侧的"重置为原始大小"按钮◎。

此处不管如何改变图像显示的宽度和高度,图像文件实际的大小是不变的,只是它在页面中的显示被缩放了。当要改变图像文件实际大小时,应该使用图像编辑应用软件。

(5)编辑:启动在"外部编辑器"首选参数中指定的图像编辑器并打开选定的图像。

(6)样式列表:在属性检查器的样式选择列表中可以为图像选择样式。

(7)替换:指定在只显示文本的浏览器或已设置为手动下载图像的浏览器中代替图像显示的替代文本。

(8)标题:添加对图片的说明和额外补充,即当浏览页面时,鼠标指针经过该图片时出现的文字提示。

(9)地图:该文本框下面有 3 个图形按钮,包括矩形热点工具、圆形热点工具和多边形热点工具,用于制作图形热区。

(10)"目标":设置打开图像链接的文件显示位置(框架或窗口)。当前框架集中所有框架的名称都显示在"目标"列表中。也可选用下列几种保留目标名。

- _blank:将链接的文件加载到新的未命名浏览器窗口中。
- _new:将链接的文件加载到一个新的浏览器窗口中。
- _parent:将链接的文件加载到含链接的框架的父框架集或窗口中。如果包含链接的框架不是嵌套的,则链接文件加载到整个浏览器窗口中。
- _self:将链接的文件加载到该链接所在的同一框架或窗口中。此目标是默认的,所以通常不需要指定。
- _top:将链接的文件显示在整个浏览器窗口中。如果网页为框架文件,则删除所有框架。

6.1.3　编辑图像

图像编辑功能包括重新取样、裁剪、优化和锐化图像等。

1. 使用图像属性检查器的图像编辑工具

打开包含要编辑的图像的页面,选择图像,利用网页中"图像"属性检查器的图像编辑工具,如图 6.5 所示,可以对图像进行编辑。

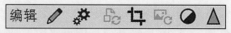

图 6.5　图像编辑工具

图像编辑工具中各项的作用如下。

(1)编辑图像设置✿:在"图像优化"对话框中进行编辑,并单击"确定"按钮。

(2)从源文件更新🗐:当 Dreamweaver 页面上的图像与原始的 Photoshop 文件不同步时,Dreamweaver 会检测出原始文件已经更新。在"设计"视图中选择图像,然后在属性检查器中单击"从源文件更新"按钮,并且在图像属性检查器中的"原始"文本框中显示源文件,文件图像会自动更新。

（3）裁剪▢：裁切图像的大小。所选图像周围会出现裁剪控制点。调整裁剪控制点，直到边界框包含的图像区域符合所需大小。在边界框内部双击或按 Enter 键裁剪选定内容。所选位图的边界框外的所有像素都将被删除，保留图像中的其他对象。

（4）重新取样▢：对已调整大小的图像重新取样，提高图像在新的大小和形状下的品质，以与原始图像的外观尽可能匹配。

（5）亮度和对比度▢：修改图像中像素的对比度或亮度。这将影响图像的高亮显示、阴影和中间色调。修正过暗或过亮的图像时通常使用"亮度/对比度"对话框，在"亮度/对比度"对话框中拖动亮度和对比度滑块调整设置，值的范围为 $-100\sim100$。

（6）锐化▲：通过增加图像中边缘的对比度调整图像的焦点，使图像更清晰。在"锐化"对话框中通过拖动滑块控件或在文本框中输入一个 $0\sim10$ 的值指定应用于图像的锐化程度。

☞ 提示：选择"编辑"→"图像"菜单命令，也可以实现裁剪、锐化、重新取样等图像编辑功能。

2. 设置外部图像处理软件

在 Dreamweaver 中工作时，可以在外部图像编辑器中打开选定的图像；在保存了编辑完的图像文件返回到 Dreamweaver 时，可以在"文档"窗口中看到对图像所做的任何更改。设置外部图像处理软件为附属图像处理软件的方法如下。

选择"编辑"→"首选项"菜单命令，打开"首选项"对话框。然后从左侧的类别列表中选择"文件类型/编辑器"选项，如图 6.6 所示。

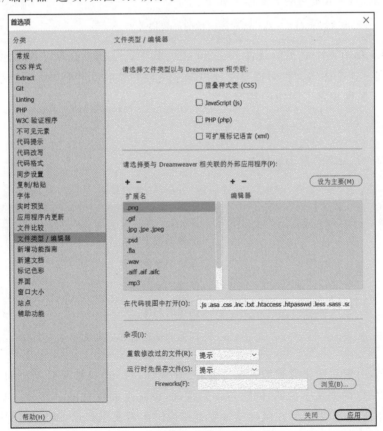

图 6.6　设置外部图像处理软件

（1）在"扩展名"列表中，选择您要为其设置外部编辑器的文件类型。

（2）单击"编辑器"列表上方的"添加（＋）"按钮，在"选择外部编辑器"对话框中，浏览到您要使其作为此文件类型的编辑器启动的应用程序。

（3）如果需要该编辑器成为此文件类型的主编辑器，就单击"设为主要"按钮。

（4）若要为此文件类型设置其他编辑器，则重复步骤（2）。

设置了外部图像编辑器后，启动外部图像编辑器对页面中的图像进行编辑，可使用下述方法之一。

方法一：按住 Ctrl 键双击页面中的图像。

方法二：选中网页图像，再单击"图像"属性检查器中的"编辑"按钮。

方法三：右击要编辑的图像，在弹出的快捷菜单中选择"编辑以（T）"→"浏览"菜单命令，并选择编辑器。

6.2　图像的 HTML 标签

＜img＞标签用于定义 HTML 页面中的图像。

6.2.1　基本语法

使用图像标签＜img＞的语法形式如下：

```
<img src="图像文件地址"  alt="对该图像的简要描述">
```

＜img＞标签有两个必需的属性：src 和 alt。其中，src 属性指明了图像源文件所在的路径和文件名。这个图像文件可以是本地机器上的图像文件，也可以是位于远端主机上的图像文件。alt 属性规定了图像的替代文本。

6.2.2　图像标签<img> 的属性

图像标签＜img＞的常用属性如表 6.1 所示。

表 6.1　图像标签＜img＞的常用属性

属　　性	说　　明
src	图像的源文件
alt	规定图像的替代文本
width	图像的宽度
height	图像的高度
title	图像的描述与进一步说明

其中，搜索引擎对图像意思的判断主要靠 alt 属性，且 alt 属性是必须添加的。所以，在图像 alt 属性中以简要文字说明，同时包含关键词，也是页面优化的一部分。title 是对图像的说明和额外补充，如果需要在鼠标指针经过图像时出现文字提示，就应该用属性 title。使用＜img＞标签时，最好将 alt 和 title 属性都写全，从而保证在各种浏览器中都能正常使用。

在 HTML 5 中,该元素的"border""align""vspace""hspace"属性不再被支持,这些功能需要通过 CSS 样式实现。

下面举例说明图像标签<img>的使用。

【例 6.1】　图像标签<img>的使用示例。

```
<body>
    <h3>冬奥会</h3>
    <p>冬季奥林匹<img src="img/aoyun.jpg" width="150" height="100" alt=
    "冬奥会" title="冬奥会图片"/>克运动会(Olympic Winter Games)简称为冬季
    奥运会、冬奥会。世界规模最大的冬季综合性运动会,自 1924 年开始第 1 届,每四年
    举办一届。1986 年,国际奥委会全会决定把冬季奥运会和夏季奥运会从 1994 年起分
    开,每两年间隔举行,1992 年冬季奥运会是最后一届与夏季奥运会同年举行的冬奥
    会。<br>第 24 届冬季奥林匹克运动会于 2022 年 2 月 4 日至 2 月 20 日在中国北京
    和张家口举行。2022 年 1 月 14 日,联合国邮政管理局宣布,为庆祝 2022 年北京冬奥
    会的召开,联合国发行主题为"体育促进和平"的邮票,这是联合国首次为冬奥会发行
    邮票。冰雪世界透过冬奥主题,让全体市民了解中国的冬奥史及比赛项目,市民亲近冰
    雪的激情也被点燃,在这个冬天,"冰雪经济"悄然升温,更多人参与其中享受冰雪运
    动的快乐,为人们的日常生活增添了别样色彩。</p>
</body>
```

例 6.1 的预览效果如图 6.7 所示。

图 6.7　例 6.1 的预览效果

6.3　插入鼠标经过图像

鼠标经过图像就是当浏览者的鼠标指针滑过一幅图像时立即显示另一幅图像,当鼠标指针离开时又恢复原来的图像。鼠标指针没有指向图像时显示原始图像。单击鼠标还可以跳转到其他链接页面。也就是说,这种效果是由两幅图像完成的,即主图像(当首次载入页时显示的图像)和次图像(当鼠标指针移过主图像时显示的图像)。插入鼠标经过图像的方法如下。

方法一：选择"插入"→"HTML"→"鼠标经过图像"菜单命令。

方法二：在"插入"面板中，从下拉列表中选择"HTML"类别，然后从选项列表中选择"鼠标经过图像"。

下面以方法二为例，介绍插入鼠标经过图像的操作步骤。

（1）在"插入"面板中，从下拉列表中选择"HTML"类别，从选项列表中选择"鼠标经过图像"命令，如图6.8所示。

图6.8　选择"鼠标经过图像"命令

（2）在"插入鼠标经过图像"对话框中选择图像，然后设置鼠标指针经过图像的属性，如图6.9所示。

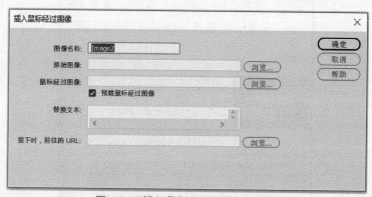

图6.9　"插入鼠标经过图像"对话框

- 图像名称：鼠标指针经过时显示的图像名称。
- 原始图像：页面加载时要显示的图像。在文本框中输入路径，或单击"浏览"按钮并选择一个图像。
- 鼠标经过图像：鼠标指针滑过原始图像时要显示的图像。在文本框中输入图像文件的路径或单击"浏览"按钮选择该图像。
- 预载鼠标经过图像：勾选此复选框，将图像预先载入浏览器缓冲区中，以便鼠标指针滑过图像时不发生延迟。
- 替换文本：为使用纯文本浏览器的访问者输入描述该图像的文本。
- 按下时，前往的URL：用户单击鼠标经过图像时要打开的文件，在文本框中输入路径或单击"浏览"按钮并选择该文件。如果不为该图像设置链接，Dreamweaver将在HTML源代码中插入一个空链接（#），该链接上将附加鼠标经过图像行为。如果删除该空链接,鼠标经过图像将不再起作用。

☞注意:"原始图像"和"鼠标经过图像"两个图像应大小相等,如果"原始图像"和"鼠标经过图像"的大小不一样,浏览器显示时,自动将"鼠标经过图像"的大小调整为"原始图像"的大小。

要在浏览器中预览效果,否则在"设计"视图中不能看到鼠标经过图像的效果。

6.4 创建图像地图

图像地图指已被分为多个区域(或称"热点")的图像;当用户单击某个热点时,会发生某种动作(例如,打开一个新文件)。热区可以链接到不同的网页、URL 或其他资源中。

1. 为图像添加热点区域

在"文档"窗口中选择图像,属性检查器如图 6.10 所示。

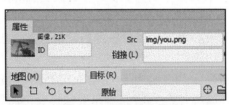

图 6.10 属性检查器

使用不同的热点工具可以定义不同的热点形状。创建热点后,会出现热点属性检查器。

- 选择矩形热点工具,并将鼠标指针拖至图像上,创建一个矩形热点。按住 Shift 键,拖动矩形工具拖出的是一个正方形热点。
- 选择圆形热点工具,并将鼠标指针拖至图像上,创建一个圆形热点。
- 选择多边形热点工具,在各个顶点上单击,定义一个不规则形状的热点,然后单击箭头工具封闭此形状。

2. 热点属性检查器

为图像添加热点后,选择绘制的热点,属性检查器中会自动显示热点的相关属性,如图 6.11 所示。

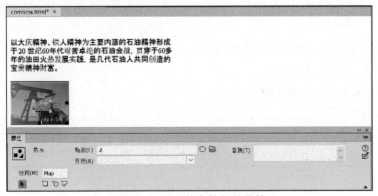

图 6.11 显示热点的相关属性

（1）在"地图"名称文本框中为该图像地图输入唯一的名称。如果在同一文档中使用多个图像地图，要确保每个地图都有唯一名称。

（2）在"链接"文本框中，单击右侧的文件夹图标，浏览并选择用户单击该热点时要打开的文件，或者直接在文本框中输入此文件的名称。

（3）在"目标"弹出菜单中选择一个窗口，在该窗口中打开链接文件。当前文档中所有已命名框架的名称都显示在此弹出式列表中。只有当所选热点包含链接后，目标选项才可用。

- _blank：将链接的文件载入一个未命名的新浏览器窗口中。
- _parent：将链接的文件载入含有该链接的框架的父框架集或父窗口中。如果包含链接的框架不是嵌套的，则链接文件加载到整个浏览器窗口中。
- _self：将链接的文件载入该链接所在的同一框架或窗口中。此目标是默认的，所以通常不需要指定。
- _top：将链接的文件载入整个浏览器窗口中，因而会删除所有框架。

（4）在"替换"文本框中，输入希望在纯文本浏览器或设为手动下载图像的浏览器中作为替换文本出现的文本。有些浏览器在用户鼠标指针滑过该热点时，将此文本显示为工具提示。

（5）"指针热点工具"按钮：用于选择已经建立的热点。如果要选择多个热点，按住 Shift 键不放，单击所要选择的所有热点即可；如果要选择整个图像上的所有热点，可按 Ctrl＋A 组合键。

3. 编辑热点

编辑热点包括改变热点大小/形状、移动热点、删除热点、对齐热点等。

（1）改变热点大小/形状：应用"指针热点工具"选择图像上的热点后，热点轮廓线上会显示控制点，拖动控制点可以改变热点的大小/形状。

（2）移动热点：用鼠标指针直接拖动热区，可以实现移动热区。

（3）删除热点：按 Delete 键可删除所选热点。

（4）对齐热点：选择要对齐的热点右击，从快捷菜单中选择热点的对齐方式。

4. 图像地图的标签

标签＜map name＝" "＞用来定义图像地图的名称。

标签＜area shape＝" " coords＝" " href＝"　" 　alt＝" "　＞用来定义不同形状的热点区域。其中，

（1）shape：定义图像地图区域的形状，取值有 rect（矩形）、circle（圆形）、poly（多边形）。

（2）coords：设定区域坐标。

（3）href：设定热点区域的链接地址。

（4）alt：替代文字。

6.5　上机实践

一、实验目的

（1）掌握网页中图像标签的使用。

（2）掌握图像的插入，以及图像属性检查器的使用。

（3）掌握图像热点区域的设置。

二、实验内容

本次实验的主要内容是练习在网页中使用图像，预览效果如图 6.12 所示。

图 6.12　实验参考图

三、实验步骤

根据图 6.12 所示的预览效果设计网页，在网页中插入图像、输入文字，并实现图文混排效果。

操作提示：

（1）在网页中使用图像，应先将要使用的图像复制到站点文件夹的相应位置。

（2）如图 6.12 所示，对网页中插入的图像创建图像热点区域，热点区域形状不限。

（3）在网页中输入文字，设置文本的属性。

（4）网页中鼠标指针移到图像上时要有提示文字。

6.6　习　　题

一、选择题

1. 对热点区域，下列（　　）不能完成。

　　A. 移动　　　　　　　B. 删除　　　　　　　C. 对齐　　　　　　　D. 添加颜色

2. 图像标签＜img＞中的属性 alt 表示（　　）。

　　A. 设置图文混排效果　　　　　　　B. 设置图像大小

　　C. 为图像添加替换文本　　　　　　D. 图像的排列方式

3. 以下说法正确的是(   )。

    A. 图片上不能设置超级链接

    B. 一个图片上只能设置一个超级链接

    C. 一个图片上能设置多个超级链接

    D. 插入鼠标经过图像使用"插入"→"Image"菜单命令

4. 以下关于网页中的图像的说法，不正确的是(   )。

    A. 图像可以作为超级链接的起始对象

    B. HTML 可以描述图像的大小、对齐等属性

    C. HTML 可以直接描述图像上的像素

    D. 网页中的图像并不与网页保存在同一文件中，每个图像单独保存

5. 标签＜area shape=" " coords=" " href=" " alt=" "＞中可以定义不同形状的热点区域，那么热点区域形状不包括(   )。

    A. triangle   B. rect   C. poly   D. circle

二、填空题

1. 为图像添加热点，可使用_____、_____和_____ 3 种热点形状工具。

2. 图像标签＜img＞中的 src 属性是指_____。

3. 给图像添加替代文本应在＜img＞标签中使用_____属性。

4. 插入鼠标经过图像需要准备_____幅图像。

三、简答题

1. 网页中经常使用哪几种格式的图像文件？

2. ＜img＞标签的常用属性中 alt 属性的作用是什么？

3. 简述插入鼠标经过图像的方法。

4. 如何建立图像热点？

5. 如何为图像热点建立链接？

6. 列举在网页中插入图像的方法（至少写出 3 种）。

第 7 章

表格的使用

表格是网页制作技术中非常重要的元素。学习本章内容,要理解表格在网页设计中的作用,掌握 Dreamweaver 中表格的基本操作,能熟练掌握在表格中添加内容的方法。

7.1 表 格 概 述

表格是网页制作的一个重要组成部分,在 Internet 上浏览网页时,许多页面都使用了表格技术。表格是用于在 HTML 页上显示表格式数据,以及对文本和图形进行布局的强有力的工具。表格由不同行和列的单元格组成,在开始制作表格之前,首先了解一下表格的各部分以及相关术语,如图 7.1 所示。

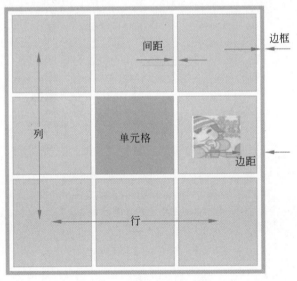

图 7.1　表格的相关术语

从图 7.1 可以看出,一张表格(table)横向称为行(row),纵向称为列(column),行列交叉部分称为单元格(cell)。一个单元格中的内容和此单元格的边框之间的距离称为边距。两个相邻单元格之间的距离称为间距。整张表格的边缘称为表格的边框(border)。

7.1.1　表格的作用

使用 HTML 表格的最初目的是按行和列组织数据。对于表格型数据,应该使用表格显示。使用表格组织表现表格型数据,这是表格诞生的本意。

　　图 7.2 是网页中用表格组织、显示数据的典型情况，从该表格可很清晰地看到各主要图书销售商的图书销售排行。图 7.3 是以表格显示的奥迪某款车的基本参数。

上海书城销售榜	卓越亚马逊销售榜	当当网销售榜	豆瓣最受关注图书榜
1. 史蒂夫·乔布斯传	1. 因为痛，所以叫青春	1. 党的十七届六中全会…	1. 乡关何处
2. 可怕的心理学	2. 你若安好便是晴天	2. 好妈妈胜过好老师	2. 鲤·变老
3. 货币战争4	3. 这些都是你给我的爱2	3. 你若安好便是晴天	3. 绿皮火车
4. 人体经络穴位使用图册	4. 直到世界尽头	4. 不一样的卡梅拉	4. 长歌行02
5. 理想丰满	5. 时寒冰说：欧债…	5. 于丹：重温最美古诗词	5. 数学之美
6. 重遇未知的自己	6. 百年孤独	6. 遇见未知的自己	6. 特别的一天
7. 中国震撼	7. 我的第一本专注力…	7. 人上人	7. 王二的经济学故事
8. 大家都有病	8. FBI教你读心术	8. 熟女那二的私房生活	8. 妖绘卷
9. 2012中国自助游	9. 小狗钱钱	9. 风语（2）	9. 叫魂
10. 西点军校送给男孩…	10. 好妈妈胜过好老师	10. 蓝毛衣	10. 自由

图 7.2　表格组织数据示例 1

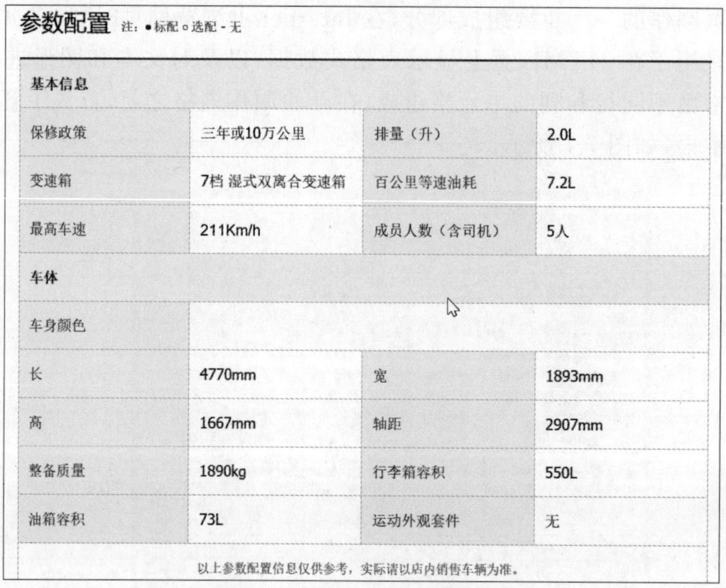

参数配置 注：● 标配 ○ 选配 - 无

基本信息			
保修政策	三年或10万公里	排量（升）	2.0L
变速箱	7档 湿式双离合变速箱	百公里等速油耗	7.2L
最高车速	211Km/h	成员人数（含司机）	5人
车体			
车身颜色			
长	4770mm	宽	1893mm
高	1667mm	轴距	2907mm
整备质量	1890kg	行李箱容积	550L
油箱容积	73L	运动外观套件	无

以上参数配置信息仅供参考，实际诺以店内销售车辆为准。

图 7.3　表格组织数据示例 2

7.1.2　表格标签

　　HTML 表格包括行、列和单元格，这与其他程序中使用的表格相似。HTML 中有多个与表格相关的标签，表 7.1 只列出 HTML 中与表格相关的标签及其作用。

表 7.1　HTML 中与表格相关的标签及其作用

HTML 标签	作　　用
table	定义表格
caption	定义表格标题
tr	定义表格的行

续表

HTML 标签	作　用
th	定义标题单元格
td	定义一个单元格

表格由表头、行和单元格组成,这些元素分别用不同的 HTML 标签定义。通过<table>标签定义表格,然后再通过<tr>标签定义表格的行,每行中的单元格由<td>或者<th>定义,通常使用<th>标签标示标题单元格,如果表格需要标题,还可以通过<caption>标签定义。

一个基本的表格结构如下所示。

```
<table width="393" height="166" border="1">
    <caption>
        表格标题
    </caption>
    <tr>
        <th width="114" scope="col">TH1</th>
        <th width="131" scope="col">TH2</th>
        <th width="126" scope="col">TH3</th>
    </tr>
    <tr>
        <td align="center"> TD1</td>
        <td align="center"> TD2</td>
        <td align="center"> TD3</td>
    </tr>
    <tr>
        <td align="center"> TD4</td>
        <td align="center"> TD5</td>
        <td align="center"> TD6</td>
    </tr>
    <tr>
        <td align="center"> TD7</td>
        <td align="center"> TD8</td>
        <td align="center"> TD9</td>
    </tr>
</table>
```

从上面的源代码可以看出,一个基本的表格由<table>标签开始定义,由<caption>标签定义表格的标题,接着由<tr>标签定义表格的行,因为代码中有 4 对<tr>和</tr>标签,所以此表格有 4 行,该表格在浏览器中的结构如图 7.4 所示。

表格标题

TH1	TH2	TH3
TD1	TD2	TD3
TD4	TD5	TD6
TD7	TD8	TD9

图 7.4　一个基本的表格结构

【例7.1】 用表格显示数据的示例1。

```
<body>
<table width="586" border="1" bordercolor="#0000CC">
    <caption>2012年1-3月北京气温</caption>
    <tr>
        <th width="84"> </th>
        <th width="142">平均最高气温</th>
        <th width="138">平均最低气温</th>
        <th width="194">月平均降水量</th>
    </tr>
    <tr>
        <th>1月</th>
        <td align="center">2</td>
        <td align="center">-9</td>
        <td align="center">3mm</td>
    </tr>
    <tr>
        <th>2月</th>
        <td align="center">5</td>
        <td align="center">-6</td>
        <td align="center">6mm</td>
    </tr>
    <tr>
        <th>3月</th>
        <td align="center">12</td>
        <td align="center">0</td>
        <td align="center">9mm</td>
    </tr>
</table>
</body>
```

例7.1的浏览器预览效果如图7.5所示。

2012年1-3月北京气温

	平均最高气温	平均最低气温	月平均降水量
1月	2	-9	3mm
2月	5	-6	6mm
3月	12	0	9mm

图7.5 例7.1的浏览器预览效果

1. <table>标签

成对出现的<table>和</table>标签用于定义表格，一个表格的所有内容都放在这两个标签之间。

<table>标签具有多个属性，例如背景颜色、图像、对齐、合并、边框等，具体内容可以参考表7.2。

表 7.2　表格属性使用列表

属性	取值(代码)	与表格有关的参数			
		table(表格)	th(表头)	tr(行)	td(单元格)
align	center	表格居中	文字居中	整行单元格文字居中	文字居中
	left	表格居左	文字居左	整行单元格文字居左	文字居左
	right	表格居右	文字居右	整行单元格文字居右	文字居右
border	数字	表格、单元格	—	—	—
colspan	数字	—	横向合并	—	横向合并
rowspan	数字	—	纵向合并	—	纵向合并
valign	top	—	文字居顶	单元格文字居顶	文字居顶
	bottom	—	文字居底	单元格文字居底	文字居底
	middle	—	文字纵向居中	单元格文字纵向居中	文字纵向居中
	baseline	—	文字沿基线对齐	单元格文字沿基线对齐	文字沿基线对齐
width	数字或百分比	表格宽	表头宽	—	单元格宽
height	数字或百分比	表格高	表头高	行高	单元格高
cellpadding	数字	单元格边界与单元格内容的间距	—	—	—
cellspacing	数字	相邻单元格边界的间距	—	—	—
bgcolor	背景颜色	表格背景	表头背景	表格行背景	单元格背景
background	背景图片	背景图片	背景图片	背景图片	背景图片

注: 一表示无此属性。

【例 7.2】　用表格显示数据的示例 2。

```
<body>
<table width="586" border="3" align="center" bordercolor="#000000" bgcolor=
"#CCCCCC">
    <caption>
        2012 年 1-2 月北京气温
    </caption>
    <tr>
        <th width="84" height="34"> </th>
        <th width="142" scope="col">平均最高气温</th>
        <th width="138" scope="col">平均最低气温</th>
        <th width="194" scope="col">月平均降水量</th>
    </tr>
    <tr>
```

```
        <th>1 月</th>
        <td align="center"> 2 </td>
        <td align="center">-9</td>
        <td align="center">3mm</td>
    </tr>
    <tr>
        <th>2 月</th>
        <td align="center">5</td>
        <td align="center">-6</td>
        <td align="center">6mm</td>
    </tr>
</table>
</body>
```

此例中，<table width="586" border="3" align="center" bordercolor="#000000" bgcolor="#CCCCCC">通过<table>标签的属性对表格样式和大小进行设置，表示此表格宽为 586 像素（也可以使用百分比），表格边框宽度为 3 像素，水平居中对齐，表格边框颜色为#000000，表格背景颜色为#CCCCCC。按 F12 键预览该表格在浏览器中的效果，如图 7.6 所示。

2012年1-2月北京气温

	平均最高气温	平均最低气温	月平均降水量
1月	2	-9	3mm
2月	5	-6	6mm

图 7.6　例 7.2 的浏览器预览效果

【例 7.3】　用表格显示数据的示例 3。

```
<title>基本表格</title>
<style type="text/css">
<!--
    .STYLE1 {color: #FFFFFF}
    .STYLE5 {color: #FFFFFF; font-weight: bold; font-size: 24px; }
-->
</style>
</head>
<body>
<table width="613" height="177" border="3" align="center" cellpadding= "10"
cellspacing=" 5" bordercolor =" # 000000" background ="../images/ 1083825 _
102609055_2.jpg" bgcolor="#CCCCCC">
    <caption>
        2012 年 1 月北京气温
    </caption>
    <tr>
        <th width="84" height="34"><span class="STYLE1"></span></th>
        <th width="142" scope="col"><span class="STYLE1">平均最高气温</span>
</th>
```

```
        <th width="138" scope="col"><span class="STYLE1">平均最低气温</span>
    </th>
        <th width="194" scope="col"><span class="STYLE1">月平均降水量</span>
    </th>
    </tr>
    <tr>
        <th><span class="STYLE1">1月</span></th>
        <td align="center"><span class="STYLE5"> 2 </span></td>
        <td align="center"><span class="STYLE5">-9</span></td>
        <td align="center"><span class="STYLE5">3mm</span></td>
    </tr>
</table>
```

此例中,<table width＝"613" height＝"177" border＝"3" align＝"center" cellpadding＝"10" cellspacing＝"5" bordercolor＝"♯000000" background＝"../images/1083825_102609055_2.jpg" bgcolor＝"♯CCCCCC">设置了表格的属性,表格高为 177 像素,并且通过 background 属性设置表格背景图像为 1083825_102609055_2.jpg,通过 cellpadding 设置表格的单元格内容与本单元格边框之间的距离为 10 像素;通过 cellspacing 设置单元格与单元格之间的间距为 5 像素。例 7.3 的浏览器预览效果如图 7.7 所示。

图 7.7　例 7.3 的浏览器预览效果

2.<caption>标签

<caption>和</caption>标签用于建立表格的标题,并使用 align 属性定义标题的位置。align 位置属性有 4 个值:top(标题放在表格的上方)、bottom(标题放在表格的下方)、left(标题放在表格的左上方)、right(标题放在表格的右上方)。一个表格只能有一个标题。

例如,代码<caption align＝bottom>颜色与颜色值对应表</caption>,表示表格标题在表格的下面并且居中显示。

3.<th>标签

<th>标签用于建立表头,表头是表格中行或列的标题,即表项的名称。使用<th>可以在表的第一行或第一列加表头,表头内容写在<th>和</th>标签之间,显示时将采用粗体字以产生醒目的效果。

在表格的第一行加表头的格式如下:

```
<th>表头 1</th><th>表头 2</th><th>表头 3</th>
```

在表格的每一行的第一列加表头的格式为

```
<th>表头 1</th><td>表项 1</td><td>表项 2</td><td>表项 3</td>
```

4. <tr>、<td>标签

<tr>标签与<td>标签用于表格行与单元格的定义。

表格的内容是由行定义标签<tr>与</tr>，以及单元格定义标签<td>与</td>确定的。</tr>可以省略，即一个新的<tr>开始，表示前一个<tr>的结束。

构造表格时，每个<tr>标签产生一行，表格有多少行就应有多少个<tr>标签；表格的单元格数则由<th>或<td>标签的个数而定。如果表格的单元格中无任何内容，使用无内容的<th>与</th>或<td>与</td>标签即可。

7.1.3 HTML 中表格格式设置的优先顺序

当在"设计"视图中对表格进行格式设置时，可以设置整个表格或表格中所选行、列、单元格的属性。如果将整个表格的某个属性（例如背景颜色或对齐）设置为一个值，而将单个单元格的属性设置为另一个值，则单元格格式设置优先于行格式设置，行格式设置又优先于表格格式设置。

表格格式设置的优先顺序如下。

（1）单元格。

（2）行。

（3）表格。

例如，如果将单个单元格的背景颜色设置为蓝色，然后将整个表格的背景颜色设置为黄色，则蓝色单元格不会变为黄色，因为单元格格式设置优先于表格格式设置。

7.2 使用 Dreamweaver 创建表格

在 Dreamweaver 中，不仅可以导入外部的数据文件，还可以将网页中的数据表格导出为纯文本的数据。

在"设计"视图中，确定表格的插入位置，然后通过下面两种方法之一创建表格。

方法一：单击"插入"工具栏中的"Table"按钮，如图 7.8 所示，系统会打开"Table"对话框。

图 7.8 "Table"按钮

方法二：选择"插入"→"Table"菜单命令，打开的"Table"对话框如图 7.9 所示，也可以直接通过快捷键 Ctrl+Alt+T 打开"Table"对话框。

"Table"对话框中分为 3 部分：上面是"表格大小"部分，中间是"标题"部分，下面是"辅助功能"部分。表 7.3 是对"表格大小"部分设置的说明。

表 7.3 "表格大小"部分设置

名　　称	对应属性名	取　　值
行数	tr	数字，表示新建表格的行数

续表

名　称	对应属性名	取　值
列	td 或者 th	数字,定义新建表格的列数
表格宽度	width	数字,定义表格的宽度,通过下拉列表框选择以像素或百分比为单位
单元格边距	cellpadding	数字,定义单元格内容和单元格边框之间的距离
单元格间距	cellspacing	数字,定义单元格与单元格间的间距大小

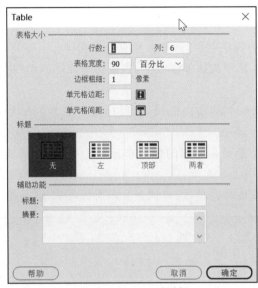

图 7.9　"Table"对话框

☞注意:输入"表格宽度"时,首先在其右侧文本框中输入表格的宽度值,然后在右侧下拉列表中选择一个度量单位。如果用像素,这个宽度就是表格的绝对宽度值;如果选择百分比,就是相对大小,也就是表格大小会随着浏览器窗口大小的改变而变化。

边框粗细:表格边框的宽度。输入的值越大,表格边框越粗。如果输入 0,则在浏览时表格的边框线不可见。

"标题"部分有 4 种选项,其含义如下。

- "无":表示此表格没有表格标题,即无<th>标签构成的单元格。
- "左":表示表格每行第一列单元格均由<th>标签构成。
- "顶部":表示表格第一行所有单元格均由<th>标签构成。
- "两者":表示表格第一行以及第一列均由<th>标签构成。

"辅助功能"部分的含义如下。

- "标题"栏为表格的标题,即设置 caption,如果不需要标题,可以不填。
- "摘要"文本框用于对表格进行标注,其内容用于设置表格标签的 summary 属性,在IE 中浏览网页时不显示,查看源代码可以看到,一般可以不填写。

如果开始不能确定表格某些属性的值,可以使用默认值。以后可以通过"属性"面板进行修改。

完成"Table"对话框的设置,单击"确定"按钮,"设计"视图会出现满足刚才设置的表格。通过这种方式创建的表格往往结构简单、样式单一,并不能达到设计者的目的。所以,通常需要对这个基本表格进行调整和设置,例如调整大小、行数或者列数,合并单元格,设置单元格属性等,下面介绍与表格相关的基本操作。

7.3 表格的基本操作

7.3.1 设置表格/单元格的基本属性

1. 设置表格属性

首先选中需要操作的表格对象,选择方法有以下几种。

方法一: 将鼠标指针移到表格外框线上,当鼠标指针尾部出现⊞标志时,单击选中整个表格。

方法二: 将鼠标指针移到表格内框线,当鼠标指针变为⇕形状或◄╫►形状时,单击选中整个表格。

方法三: 将鼠标指针置于表格内的任意单元格内右击,在弹出的快捷菜单中选择"表格"→"选择表格"命令。

☞注意:选中整个表格时,"属性"面板会显示表格的属性,如图7.10所示。

图 7.10 表格的"属性"面板

在表格的"属性"面板中显示的这些表格属性有几项和前面创建表格时的"表格"对话框中的属性是一样的。因此,如果对创建表格时设置的表格行、列或宽、高有更改要求,在表格的"属性"面板中直接重新设置即可。

对于表格的大小,除使用表格的"属性"面板设置宽和高外,如果不是精确要求,可以通过调节手柄直接在"设计"视图中调整,如图7.11所示。

图 7.11 在"设计"视图中通过调节手柄调整表格大小

首先,在"设计"视图中选中待调节的表格,表格右、下及右下角会出现黑色点(■符号),它是调整表格的高度和宽度的调整柄。当鼠标指针移到点上,就可以调整表格的高度和宽度了。另外,鼠标指针移到表格的边框线上时,也可以调整表格大小。

2. 设置单元格属性

将鼠标指针置于单元格中,"属性"面板中会显示单元格的"属性"面板,如图7.12所示。

在该面板中可以对选定的某个单元格或某几个单元格设置属性,如表 7.4 所示。

图 7.12　单元格的"属性"面板

表 7.4　单元格的"属性"面板中各属性说明

属　　性	说　　明
ID	用于为当前单元格指定 ID
类	用于指定表格所用的 CSS 类
B	用于设置单元格内文字以加粗方式显示
I	用于设置单元格内文字以斜体方式显示
🔳	用于为单元格内元素添加图形项目符号,也就是为其添加＜ul＞＜li＞＜/li＞＜/ul＞标记
🔳	用于为单元格内元素添加数字项目符号,也就是为其添加＜ol＞＜li＞＜/li＞＜/ol＞标记
🔳🔳	用于为单元格内元素添加或删除内缩区块
链接	用于为选中的单元格元素添加超级链接
水平	用于设置单元格内元素的水平排版方式,可选值有 left(居左)、center(居中)、right(居右)
垂直	用于设置单元格内元素的垂直排版方式,可选值有 top(顶端对齐)、middle(居中对齐)、bottom(底端对齐)、baseline(基线对齐)
宽	用于指定单元格的宽度
高	用于指定单元格的高度
不换行	用于标记单元格中较长的文本是否换行,若处于选中状态,则表示不换行,否则为自动换行显示
背景颜色	用于为选中的单元格设置背景颜色
🔳	用于对当前的单元格进行拆分,只选中一个单元格时可用
🔳	用于合并当前选中的单元格,只有同时选中多个单元格时才可用
页面属性	用于打开"页面设置"对话框

☞提示:选定单元格的方法有以下两种。

(1) 按住 Ctrl 键的同时,单击要选定的单元格,可以选择多个单元格。

(2) 将鼠标指针置于单元格中,单击文档窗口左下角标签选择器中的＜td＞标签。

还要提示一点,对整个表格操作和对一个单元格操作时,相应的"属性"面板是不同的。

7.3.2　添加/删除行或列

1. 添加行或列

将鼠标指针放在某一个单元格内右击,在弹出的快捷菜单中选择"表格"→"插入行(列)"命令,会在当前单元格所在行的上方插入一行,如果是列,则会在当前单元格所在列的左边插入一列。

还可以在"设计"视图中选中一行或者一列，方法如下。

（1）选中一行：把鼠标指针移到该行最左边单元格的左面，鼠标指针会变成箭头状➡，此时单击鼠标就可以选中一行。

（2）选中一列：把鼠标指针移到该列最上边单元格的上面，鼠标指针会变成箭头状⬇，此时单击鼠标可以选中一列。

（3）右击，在弹出的快捷菜单中选择"表格"命令，会出现表格的基本操作，如图 7.13 所示。

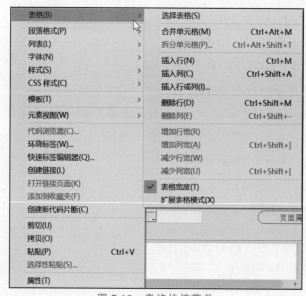

图 7.13　表格快捷菜单

根据菜单提示选择需要的操作即可。

2. 删除行或列

删除行或列的操作方法和添加行或列的操作方法类似。

7.3.3　合并与拆分单元格

1. 合并单元格

有些情况下，需要创建跨多行、多列的单元格完成复杂的表格结构。通过在<th>或<td>标签中设置 rowspan 或 colspan 属性，可实现单元格跨行或者跨列。

跨多列的语法如下：

```
<th colspan=列数>  或者  <td colspan=列数>
```

colspan 表示跨越的列数，例如 colspan＝2 表示这一格的宽度为两个列的宽度。

跨多行的语法如下：

```
<th rowspan=行数>  或者  <td rowspan=行数>
```

rowspan 表示跨越的行数，例如 rowspan＝2 表示这一格跨越表格两个行的高度。

利用这一功能可制作出较为复杂的表格。下面的 HTML 代码可产生一个具有多层表头的表格。

```
<table border=0 width="39%">
    <caption>跨行跨列的表格例</caption>
    <tr><th width="28%" rowspan=2>
        <th height="25" colspan=2>平均</th><th width="13%" rowspan=2>其他<br/>
类号</th>
        <th colspan =2>性能</th></tr>
    <tr><th width="15%">数据 1</th><th width="14%">数据 2</th><th width="12%">
MAX</th><th width="18%">MIN</th></tr>
    <tr align=left><th>A 级 (高级)</th><td>1.9</td><td>0.03</td>
        <td>0.34</td><td>3.3</td><td>0.3</td></tr>
    <tr align=right><th rowspan=2>B 级</th><td>1.7</td><td>8</td>
        <td>66</td><td>89</td><td>88</td></tr>
</table>
```

设计视图的效果如图 7.14 所示。

跨行跨列的表格例

	平均		其他类号	性能	
	数据1	数据2		MAX	MIN
A级 (高级)	1.9	0.03	0.34	3.3	0.3
B级	1.7	8	66	89	88

图 7.14　设计视图的效果

需要特别说明的是,rowspan = "2"属性声明了此单元格与它下边的单元格纵向合并,合并几个由数值和下边有几个单元格决定。同样,colspan = "2"属性声明了此单元格与它右边的单元格横向合并,合并几个由数值和右边有几个单元格决定。例中有第二行第四个单元格产生向下单元格合并和第二行第二个单元格产生向右单元格合并。

【例 7.4】　跨行跨列的表格示例。

```
<body>
<table border=1 bordercolor="#333333">
    <caption> 全年级成绩清单 </caption>
    <tr>
        <th rowspan="2"> 姓名 </th>
        <th rowspan="2"> 性别 </th>
        <th colspan="3"> 成绩 </th>
    </tr>
    <tr>
        <th> 高数 </th>
        <th> 物理 </th>
        <th> 英语 </th>
    </tr>
    <tr>
        <td> 李宁 </td>
        <td> 男 </td>
        <td> 98 </td>
        <td> 97 </td>
```

```
            <td> 94 </td>
        </tr>
        <tr>
            <td> 张玉 </td>
            <td> 女 </td>
            <td> 87 </td>
            <td> 83 </td>
            <td> 89 </td>
        </tr>
    </table>
</body>
```

上面的例子中，<th rowspan="2"> 姓名 </th>代码中的 rowspan="2"属性声明了此单元格与它下边的单元格纵向合并。同样，<th colspan="3"> 成绩 </th>代码中的 colspan="3"属性声明了此单元格与它右边的两个单元格横向合并（共计 3 个单元格合并成一个单元格）。按 F12 键在浏览器中预览，效果如图 7.15 所示。

如果不熟悉 HTML 源代码，可以在 Dreamweaver 的"设计"视图中通过鼠标操作，实现单元格的跨行/跨列合并。

首先选中要合并的单元格，按住鼠标左键不放，向下拖曳选中两个（或者是多个）单元格，如图 7.16 所示。

图 7.15   例 7.4 的浏览器预览效果图

图 7.16   设计视图操作

然后执行下列操作之一。

（1）右击，在弹出的快捷菜单中选择"表格"→"合并单元格"命令。

（2）在展开的"属性"面板中单击合并单元格按钮，如图 7.17 所示，合并在表格中选择的单元格。

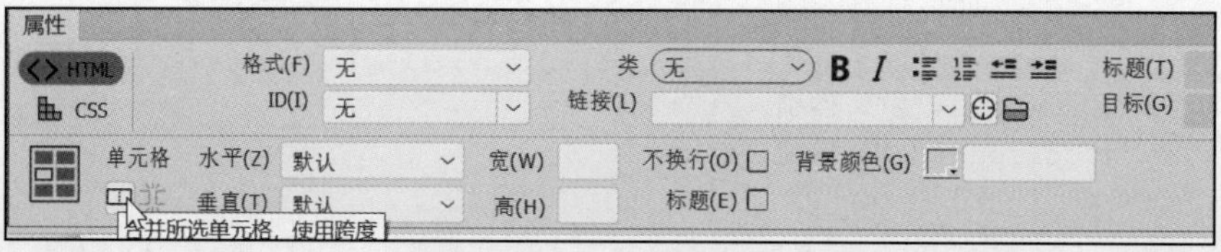

图 7.17   合并单元格操作

2. 拆分单元格

将鼠标指针置于要拆分的单元格内，执行下列任一操作即可。

（1）右击要拆分的单元格，在弹出的快捷菜单中选择"表格"→"拆分单元格"命令。

（2）单击"属性"面板中的按钮，打开"拆分单元格"对话框，如图 7.18 所示。在该对话框中确定对当前单元格如何拆分（首先通过单选按钮确定拆分方式，然后在行数或者列数输入框中输入拆分成的单元格数目），之后单击"确定"按钮。

图 7.18　拆分单元格操作和"拆分单元格"对话框

7.4　在表格中添加内容

7.4.1　添加网页元素

创建好表格结构后,就可以向单元格中添加内容了,例如前面讲到的插入文本、插入图像、制作超级链接等。

向单元格中插入这些元素通常有如下两种方法。

方法一:通过"插入"菜单。

方法二:使用"插入"工具栏。

在单元格中添加内容要根据实际显示效果合理设置元素的对齐方式,另外还要注意单元格中内容也可以设置水平、垂直对齐方式(一般通过"属性"面板设置)。

1. 表格的对齐

表格的对齐指表格在页面中的对齐方式。

表格在页面中的对齐方式可在＜table＞标签中使用 align 属性,其取值有 left、center和 right。默认值为 left,即在页面中左对齐。当表格与文字混合编排时,则文件中安排在表格后面的文字会显示在表格的右边或左边,形成文字与表格环绕的效果。

2. 单元格中内容的对齐

单元格中内容的对齐包括水平方向上的对齐和垂直方向上的对齐。设置数据水平方向对齐是在表格内容标签＜th＞、＜td＞中使用 align 属性。其取值可以是 center、left、right。

垂直对齐则是使用 valign 属性,其取值为 top(单元格顶部)、bottom(单元格底部)、middle(垂直方向的中部)、baseline(基线)。

【例 7.5】　单元格对齐方式示例。

```
<title>无标题文档</title>
<style type="text/css">
<!--
.STYLE2 {font-size: 12px}
-->
</style>
</head>
<body>
<table width="60%" border="1" bordercolor="#999999">
    <tr> <td colspan="3" align="center" class="STYLE2"> 
```

```
          <p>广州介绍</p>
          <p> </p></td></tr> <tr>
          <td width="48%" height="227" valign="top"><table width="312" height=
"223" cellpadding="0" cellspacing="0">
          <tr>
              <td width="72"><span class="STYLE2">中文名称:</span></td>
              <td width="232" align="left"><span class="STYLE2">广州</span>
</td>
          </tr>
          <tr>
              <td><span class="STYLE2">外文名称:</span></td>
              <td align="left"><span class="STYLE2">GuangZhou,Canton</span>
</td>
          </tr>
          <tr>
              <td><span class="STYLE2">别名:</span></td>
              <td align="left"><span class="STYLE2">五羊城、羊城、穗城、花城</span>
</td>
          </tr>
          <tr>
              <td><span class="STYLE2">行政区类别:</span></td>
              <td align="left"><span class="STYLE2">国家中心城市,副省级城市,省会
</span></td> </tr>
          <tr>
              <td><span class="STYLE2">所属地区:</span></td>
              <td align="left"><span class="STYLE2">中国华南</span></td>
          </tr>
          <tr>
              <td><span class="STYLE2">下辖地区:</span></td>
              <td align="left"><span class="STYLE2">越秀、荔湾、天河、海珠区等</span>
</td> </tr>
          <tr>
              <td><span class="STYLE2">政府驻地:</span></td>
              <td align="left"><span class="STYLE2">越秀区</span></td>
          </tr>
          <tr>
              <td><span class="STYLE2">电话区号:</span></td>
              <td align="left"><span class="STYLE2">020</span></td>
          </tr>
          <tr>
              <td><span class="STYLE2">邮政区码:</span></td>
              <td align="left"><span class="STYLE2">510000</span></td>
          </tr>
          <tr>
              <td><span class="STYLE2">地理位置:</span></td>
              <td align="left"><span class="STYLE2">珠江三角洲</span></td>
          </tr>
          <tr>
              <td><span class="STYLE2">面积:</span></td>
```

```
            <td align="left"><span class="STYLE2">7,434.4平方千米</span></td>
        </tr>
        <tr>
            <td><span class="STYLE2">人口:</span></td>
            <td align="left"><span class="STYLE2">1,270.08万(2010年)</span>
</td>
        </tr>
    </table></td><td colspan="2">
        <p class="STYLE2"><img src="images/4gz.jpg" width="220" height="165"
align="left" />广州,古称番禺或南海,现中国第三大城市,中国南大门,中国国家中心市,是国
务院定位的国际大都市。广州美食享誉世界。广州的标志是"五羊"。地处广东省南部,珠江三角
洲的北缘,濒临南中国海,珠江入海口,毗邻港澳,海上丝绸之路的起点。广东省省会,华南地区经
济、金融、贸易、文化、科技和交通枢纽、教育中心。中国南方最大、历史最悠久的对外通商口岸,世
界著名的港口城市之一,中国历史文化名城。中国最主要的对外开放城市之一,作为对外贸易的窗
口,外国人士众多,被称为"第三世界首都",是全国华侨最多的大城市。</p>
    </td></tr></table><p> </p><p> </p>
</body>
```

此例中,第一行合并单元格,且单元格内容水平、垂直均设置居中对齐;右侧采用结合图片对齐方式,设置其效果为图文混排。其在 Dreamweaver 设计视图中的效果如图 7.19 所示。

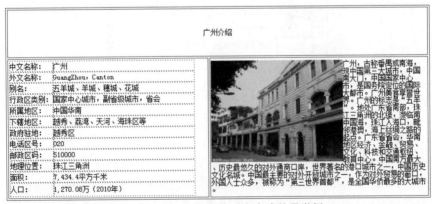

图 7.19　例 7.5 单元格对齐方式使用举例

7.4.2　嵌套表格

单元格中除添加上述元素外,还可以添加完整的表格,称为嵌套表格。其操作非常简单,首先在"设计"视图下,将鼠标指针放置在需要添加完整表格的单元格中,然后参考 7.2 节的内容,在此单元格中添加一个表格即可。例 7.5 的网页中表格第二行第一个单元格嵌套了一个 12 行 2 列的表格。例 7.6 也是一个简洁的嵌套表格实例。

【例 7.6】　嵌套表格示例。

```
<table width="31%" height="74" border="1" bordercolor="#333333">
    <tr>
        <th width="23%"><img src="images/baby.gif" width="90" height="70" />
</th>
```

```
    <th width="77%">
    <table width="101%" height="74" border="1" bordercolor="#000033">
    <tr>
        <th> </th>
        <th> </th>
    </tr>
    <tr>
        <th> </th>
        <td> </td>
    </tr>
    <tr>
        <th> </th>
        <td> </td>
    </tr>
</table></th></tr>
<tr>
    <td align="center"><a href="mailto:vicky@163.com">联系我</a></td>
    <td> </td>
</tr></table>
```

此例中，单元格 th 中嵌套了一个 3 行 2 列的完整表格，浏览器预览效果如图 7.20 所示。

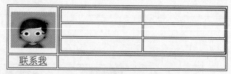

图 7.20　例 7.6 的浏览器预览效果

7.5　使用表格设计页面布局

　　HTML 中有多种安排页面内容、设计页面布局的方法，表格就是其中之一。对于初学者而言，表格可以方便灵活地排版，表格可以把相互关联的信息元素集中定位。

　　创建复杂网页时，初学者可以通过表格嵌套来布局页面。一般外部的大表格多采用绝对像素，并且不显示表格边框（也可以根据实际需要设置）；单元格可以安排不同的内容，甚至可以嵌套表格，嵌套的表格多采用百分比，这样定位出的网页才不会随着显示器分辨率的差异而引起混乱。

　　用表格排版页面的思路是：由总表格规划整体的结构，由嵌套的表格负责各个子栏目的排版，并插入表格的相应位置，这样就可以使页面的各部分有条不紊、互不冲突，看上去清晰、整洁。

　　图 7.21 是某网页在浏览器中的效果图，以它为例学习如何使用表格进行网页布局。

　　对于此网页，首先抽象出其页面结构简化图，如图 7.22 所示（可以设计为多种结构），制作一个 3 行 1 列的表格，然后将第二行的单元格拆分成左、右两个单元格；对其左侧部分进一步细化，如图 7.23 所示。这样就可以通过两层嵌套表格完成图 7.21 所示的网页效果。

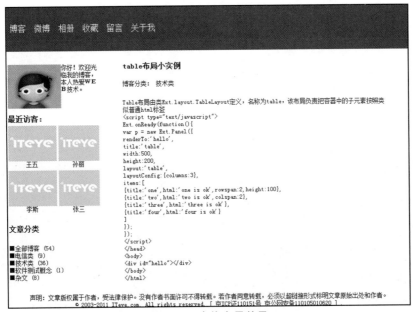

图 7.21　表格布局效果

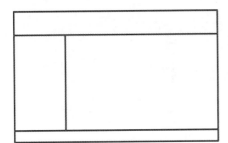

图 7.22　初始网页结构图

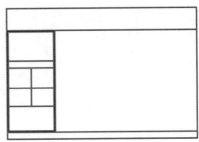

图 7.23　细化网页结构图

经过第二步细化后,其 HTML 主要源代码如下。

```
<body>
<table width="800" height="500" border="1" align="center" bordercolor =
"#000000">
    <tr>
      <td height="84" colspan="2"></td>
    </tr>
    <tr>
        <td width="25%" height="356"><table width="100%" height="384" border=
"1" bordercolor="#000000">
    <tr>
      <td height="112" colspan="2" valign="top"><p> </p></td>
    </tr>
    <tr>
      <td height="22" colspan="2"> </td>
    </tr>
    <tr>
```

```
        <td height="76"> </td>
        <td> </td>
      </tr>
      <tr>
        <td height="68"> </td>
        <td> </td>
      </tr>
      <tr>
        <td height="94" colspan="2" valign="top"><p><br />
        </p></td>
      </tr>
    </table></td>
    <td width="75%"><blockquote>
    <p class="STYLE2"><br />
      </p>
      </blockquote></td>
  </tr>
  <tr>
      <td colspan="2"> </td>
  </tr>
</table>
<p> </p>
</body>
```

7.6 上 机 实 践

一、实验目的

(1)掌握表格的创建、结构调整与美化。

(2)熟悉表格与单元格的主要属性及其设置。

(3)掌握在表格和单元格中插入文字或图片的方法。

(4)掌握表格排序。

二、实验内容

制作如下的表格,第一行的背景颜色为"♯119AD9",第二行和第三行的背景颜色为"♯EEE7E7"。实验最终效果如图7.24所示。

学号	数学	语文	总分
1001	89	90	179
1002	70	85	155

图7.24 实验最终效果图

三、实验步骤

首先,在 Dreamweaver 中新建一个文档。将插入点置于需要插入表格的位置。选择

"插入"→"表格"菜单命令,打开"表格"对话框。

在"表格大小"中输入如下数据:行为 3,列为 4,表格宽度为 500 像素,边框粗细为 1 像素,单元格边距 cellspacing 为 1 像素,单元格间距 cellpadding 为 1 像素,标题选择"顶部"。

然后单击"确定"按钮。在"设计"视图下单击相应的单元格,输入相关的表格数据:

- 在表格的第一行输入如下数据:学号、数学、语文、总分。
- 在表格的第二行输入如下数据:1001、89、90、179。
- 在表格的第三行输入如下数据:1002、70、85、155。
- 选中表格的每一列,将其宽度设为 200 像素,高度设为 30 像素,水平对齐为"居中",垂直对齐也为"居中"。
- 选中表格的第一行,在"属性"面板中的背景颜色处输入"♯119AD9",第二行与第三行的设置与此类似。
- 选择整个表格,然后选择"编辑"→"表格"→"排序表格"菜单命令,打开"排序表格"对话框,从中进行如下设置:排序按"列 4",顺序选择"按数字顺序"降序排列,单击"确定"按钮,如图 7.25 所示。

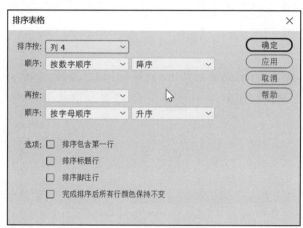

图 7.25 "排序表格"对话框

按 Ctrl+S 组合键保存该网页。

按 F12 键预览效果。

7.7 习　　题

一、选择题

1. 用于设置表格背景颜色的属性是(　　)。

    A. background　　　　B. bgcolor　　　　C. bordercolor　　　　D. backgroundcolor

2. 以下标签中,用于定义一个单元格的是(　　)。

    A. <td>…</td>　　　　　　　　B. <tr>…</tr>

    C. <table>…</table>　　　　　　D. <caption>…</caption>

3. 在 HTML 的<th>和<td>标签中,不属于 valign 属性的是(　　)。

    A. top　　　　　　　B. middle　　　　　C. low　　　　　D. bottom

4. 要使表格的边框不显示,应设置 border 的值是(   )。

A. 1   B. 0   C. 2   D. 3

5. HTML 中,合并两个单元格应该使用的属性是(   )。

A. colspan   B. nowrap   C. colwrap   D. nospan

二、填空题

1. HTML 中,标记＜th bgcolor＝♯FF0000 width＝100 nowrap＞的作用是_____。

2. 设置一个 1 行 2 列的表格,并且不显示边框,其代码为_____。

三、简答题

1. 如何选取整个表格? 如何选取某个单元格?

2. 单元格边距是指什么? 单元格间距是指什么?

3. 请把下面的表格转换为 HTML 代码。

列车时刻表

站 名	到 站 时 间	开 车 时 刻
北京	10:30	10:50
上海	14:20	14:50

要求：页面背景色为白色,网页标题为"列车时刻表",表格宽度为 500 像素,表的第一行为表头单元格,单元格内容居中,字体大小为 12 像素。

第8章

制作表单页面

浏览网站时经常会看到表单,它是网站实现互动功能的重要组成部分。本章主要介绍表单与表单元素的基本概念、表单的创建、表单元素的插入和设置方法,以及相应的 HTML 标签的使用等。

8.1　关于表单

表单的作用是从访问 Web 站点的用户那里获得信息。访问者可以使用诸如文本域、列表框、复选框以及单选按钮之类的表单元素输入信息,比如,在网上注册某个系统的用户时,就必须按要求填写网站提供的表单网页,需要填写的内容大致有用户名、密码、性别、联系方式等。然后单击某个按钮提交这些信息,这些信息将被发送到服务器,服务器端脚本或应用程序在该处对这些信息进行处理。用于处理表单数据的常用服务器端技术包括 Macromedia ColdFusion、Microsoft Active Server Pages(ASP)和 PHP。服务器进行响应时会被请求信息发送回用户(或客户端),或基于该表单内容执行一些操作。

图 8.1 所示是一个含有表单的页面。它根据用户设定的搜索条件进行内容检索,通过表单可以将用户设定的搜索条件发送到后台程序进行处理。其实,表单还可以实现网上投票、网上注册、网上登录、网上交易等。表单的出现已经使网页从单向的信息传递发展到能够实现与用户的交互对话,使网页的交互性越来越强。

图 8.1　表单页面示例

8.2　创 建 表 单

8.2.1　创建表单的方法

创建表单的方法如下。

(1)将鼠标指针置于要插入表单的位置。

（2）选择"插入"→"表单"→"表单"菜单命令，或选择"插入"面板上的"表单"类别，如图 8.2 所示。单击"表单"图标，将在页面中插入一个空的表单，在"设计"视图中，表单以红色的虚轮廓线指示。如果看不到这个轮廓线，则选择"查看"→"可视化助理"→"不可见元素"菜单命令。这一红色的虚线框将成为所有表单控件的容器，如图 8.3 所示。通过在虚线框内按 Enter 键使虚线框范围拉大。一个页面中可以包含多个表单。

图 8.2 表单选项列表

图 8.3 用红色的虚轮廓线指示表单

8.2.2 设置表单的属性

单击表单轮廓以选定表单，这时可以看到表单属性检查器的内容，如图 8.4 所示。

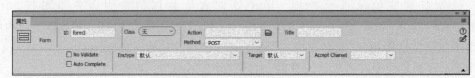

图 8.4 表单的属性检查器

表单的属性检查器主要参数如下。

（1）ID：输入标识该表单的唯一名称。命名表单后，可以使用脚本语言（如 JavaScript 或 VBScript）引用或控制该表单。如果不命名表单，Dreamweaver 将使用语法 form n 生成一个名称，并为添加到页面中的每个表单递增 n 的值。

（2）Action：指定将处理表单数据的页面或脚本。在文本框中输入路径，或者单击文件夹图标浏览相应的页面或脚本。

（3）Method：指定将表单数据传输到服务器的方法。其值如下。

- POST 方法：将在 HTTP 请求中嵌入表单数据。
- GET 方法：将值附加到请求该页面的 URL 中。
- 默认方法：使用浏览器的默认设置将表单数据发送到服务器。通常，默认方法为 GET 方法。

注意，不要使用 GET 方法发送长表单。URL 的长度限制在 8192 个字符内。如果发送的数据量太大，数据将被截断，从而导致意外的或失败的处理结果。

对于由 GET 方法传递的参数所生成的动态页，可添加书签，这是因为重新生成页面所需的全部值都包含在浏览器地址框显示的 URL 中。与此相反，对由 POST 方法传递的参数所生成的动态页，不可添加书签。

如果要收集用户名和密码、信用卡号或其他机密信息,POST 方法看起来比 GET 方法更安全。但是,由 POST 方法发送的信息是未经加密的,容易被黑客获取。若要确保安全性,应通过安全的连接与安全的服务器相连。

(4) No Validate:novalidate 属性是 HTML 5 中的新属性,规定当提交表单时不对表单输入数据进行验证。

(5) Auto Complete:autocomplete 属性是 HTML 5 中的新属性,该属性规定输入字段是否应该启用自动完成功能。选择此选项后,用户在浏览器中输入信息时自动填充值。自动完成允许浏览器预测对字段的输入。当用户在字段开始输入时,浏览器基于之前输入过的值,应该显示出在字段中填写的选项。

(6) Enctype:指定对提交给服务器进行处理的数据如何进行编码。Enctype 属性的默认值是 application/x-www-form-urlencoded,表示在表单数据发送前对所有字符进行编码。Enctype 属性的另一个常用属性值为 multipart/form-data,表示不对字符编码,当使用有文件上传控件的表单时,需要用该属性值。

(7) 目标:指定一个窗口,在该窗口中显示被调用程序所返回的数据。目标值如下。

* _blank:在未命名的新窗口中打开目标文档。
* _parent:在显示当前文档的窗口的父窗口中打开目标文档。
* _self:在提交表单所使用的窗口中打开目标文档。
* _top:在当前窗口的窗体内打开目标文档。此值可用于确保目标文档占用整个窗口,即使原始文档显示在框架中。

8.2.3　表单的 HTML 标签

在 HTML 文档中嵌入表单,可用一对＜form＞＜/form＞标签定义。该标签有两方面的作用:一是限定表单的范围,所有的表单元素都要插入表单域中,单击"提交"按钮时,提交的也是表单范围内的内容;二是携带表单的相关信息,比如处理表单的脚本程序的位置、提交表单的方法等。这些信息对浏览者是不可见的,但对处理表单却有决定性的作用。

基本语法:

```
<form name="form1"  id="form1"  method="post" action=" ">
    …
</form>
```

其中,method 就是表单的"方法",指定将表单数据传输到服务器的方法。action 就是表单的"动作",指定将处理表单数据的页面或脚本。

设计表单时,根据使用需要可以在表单的 HTML 标签中添加相关属性。

8.3　插入表单元素

网页中常见的文本框、密码框、按钮、复选框、单选按钮等都是表单元素。接下来主要介绍表单中常用的表单元素的使用方法。

制作表单页面时,可以先创建一个空的 HTML 表单,然后在该表单中插入表单元素。将插入点置于表单中显示该表单对象的位置,然后在"插入"→"表单"菜单中或者在"插入"

面板的"表单"类别中选择要插入的表单对象。

8.3.1 文本域

1. 单行文本域

选择"插入"→"表单"→"文本"菜单命令，或单击"插入"面板的表单类别中的"文本"选项，插入单行文本域，如图 8.5 所示。

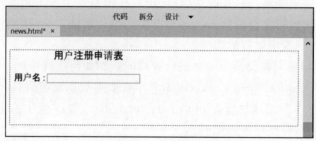

图 8.5　插入单行文本域

单行文本域的标签如下。

```
<input type="text" name="textfield" id="textfield">
```

单行文本域使用<input>标签，type 属性设置为 text。

2. 设置单行文本域的属性

选择表单中的文本域，此时属性检查器显示该文本域的属性，如图 8.6 所示。

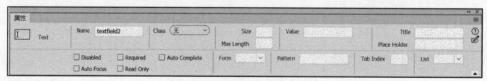

图 8.6　"文本"的属性检查器

主要属性介绍如下。

（1）Name：文本域名称，每个文本域都必须有一个唯一的名称。所选名称必须在该表单内唯一标识该文本域。

（2）Size：字符宽度，文本域中最多可显示的字符数。此数字可以小于"最多字符数"。

（3）Max Length：最多字符数，用户在单行文本域中最多可输入的字符数。例如，可以使用"最多字符数"将邮政编码的输入限制为 5 位数字，将密码限制为 10 个字符，等等。如果用户的输入超过了最多字符数，则表单会发出警告声。如果将"最多字符数"框保留为空白，则用户可以输入任意数量的文本。如果文本超过域的字符宽度，文本将滚动显示。

（4）Value：初始值，指定在首次加载表单时域中显示的值。

（5）Place Holder：占位符，用于帮助用户输入数据的简短提示，一个词或短语，提示可以是示例值或预期格式的简要说明。

（6）Disabled：是否禁用文本域，勾选此项，表示想要浏览器禁用元素，在浏览时文本域显示为带灰色背景效果，此元素不可用，不可单击。

（7）Required：该属性是 HTML 5 中的新属性。规定必须在提交之前填写输入字段。

如果勾选此属性,则文本域是必填(或必选)的,浏览器会检查是否已指定值。

(8) Auto Complete:该属性是 HTML 5 中的新属性。属性规定输入字段是否应该启用自动完成功能。自动完成允许浏览器预测对字段的输入。当用户在字段开始输入时,浏览器基于之前输入过的值,应该显示出在字段中填写的选项。

(9) Auto Focus:该属性是 HTML 5 中的新属性。规定在浏览器加载页面时文本域是否自动获得焦点。如果使用该属性,则会获得焦点。要注意的是,一个页面上只能有一个表单元素具有 autofocus 属性。

(10) Read Only:规定输入字段为只读。只读字段是不能修改的。不过,用户仍然可以使用 Tab 键切换到该字段,还可以选中或复制其文本。readonly 属性可以防止用户对值进行修改。可以通过程序控制直到满足某些条件为止来消除 readonly 值,将元素切换到可编辑状态。

(11) Pattern:pattern 属性是 HTML 5 中的新属性。属性规定用于验证输入字段的模式(正则表达式)。

(12) List:列表,list 属性是 <input> 标签在 HTML 5 中的新属性。使用 datalist 元素建立数据列表,其中包含输入字段的预定义选项。datalist 的表现很像一个下拉列表,但它只是提示作用,并不限制用户在 input 输入框里输入的内容。需要注意的是,input 输入框的 list 属性值是 datalist 的 id,这样 datalist 才能和 input 输入框关联起来。list 属性除适用于 text 类型的 input 元素,还适用于本章后面将会介绍的 email、url、tel、search、number、range、color,以及日期类 input 元素。例如,在表单中添加如下的 HTML 代码。

```
<input type="text" name="txt_bumen" id="txt_bumen" list="dpm">
    <datalist id="wsite">
        <option label="百度" value="https://www.baidu.com/" />
        <option label="新浪网" value="https://www.sina.com.cn/" />
        <option label="人民网" value="http://www.people.com.cn/" />
    </datalist>
```

浏览页面的效果如图 8.7 所示。

图 8.7　添加 list 属性的文本域

以上这些属性可以根据实际设计需要来添加。例如,定义单行文本框中允许输入的最多字符数为 6 个,初始值设置为"教师",相应代码为

```
<input type="text" name="textfield" id="textfield" value="教师" maxlength="6">
```

特别要提醒的是,表单元素(包括文本以及下面要提到的各项)的属性并非都存在于属性检查器中,可以使用代码视图添加不存在于检查器中的属性。

3. 密码域

选择"插入"→"表单"→"密码"菜单命令,或单击"插入"面板的表单类别中的"密码"

选项。

密码域的标签如下。

```
<input type="password" name="password" id="password">
```

密码域使用<input>标签，type 属性设置为 password。当用户在密码文本域中输入时，输入内容显示为项目符号或星号，以保护它不被其他人看到。

选择表单中的密码域，此时属性检查器显示该密码域的属性，如图 8.8 所示。

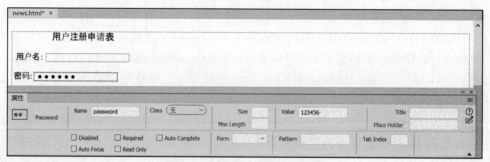

图 8.8 "密码域"的属性检查器

密码域属性和单行文本域属性的含义相同，此处不再赘述。

4. 多行文本域

选择"插入"→"表单"→"文本区域"菜单命令，或单击"插入"面板的表单类别中的"文本区域"选项。

多行文本域的标签如下。

```
<textarea name="textarea" id="textarea"></textarea>
```

选择表单中的文本区域，此时属性检查器显示该文本区域的属性，如图 8.9 所示。

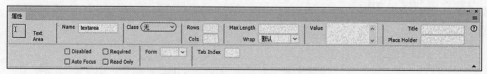

图 8.9 "文本区域"的属性检查器

下面介绍多行文本域的 3 个主要属性，其他属性的作用与单行文本域中的属性相同。

（1）Rows：行，指定要显示的行数，默认行数是 2 行。

（2）Cols：列，指定文本内的可见宽度。

（3）Wrap：wrap 属性是 <textarea> 标签在 HTML 5 中的新属性，规定当在表单中提交时，文本区域（textarea）中的文本如何换行。wrap 属性有 soft 和 hard 两个值。soft 值表示当在表单中提交时，textarea 中的文本不换行，是默认值。hard 值表示当在表单中提交时，textarea 中的文本换行（包含换行符）。当使用 hard 时，必须规定 cols 属性。

8.3.2 隐藏域

可以使用隐藏域存储并提交非用户输入信息。该信息对用户而言是隐藏的，浏览页面时不可见。

创建隐藏域,执行以下操作。

(1) 将插入点置于表单中。

(2) 选择"插入"→"表单"→"隐藏"菜单命令,或单击"插入"面板的表单类别中的"隐藏"选项,表单中会出现一个隐藏域标记 Ⓗ 。

选择插入表单的隐藏域标记,属性检查器会显示隐藏域的属性,如图 8.10 所示。在属性检查器的 Name 文本框中,为该域输入一个唯一的名称。在 Value 文本框中输入要为该域指定的值,该值将在提交表单时传递给服务器。

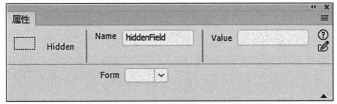

图 8.10　"隐藏域"的属性检查器

隐藏域标签如下。

```
<input type="hidden" name="hiddenField" id="hiddenField" value=" " >
```

其中,type 属性设置为 hidden,表示这是隐藏域;value 属性表示隐藏域的值。

8.3.3　复选框

复选框允许在一组选项中选择多个选项,以一个方框表示。用户可以选择任意多个适用的选项。例如,图 8.11 显示了两个选中的复选框:读书和绘画。

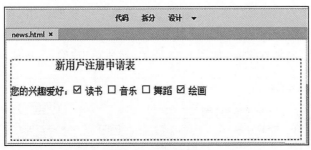

图 8.11　复选框

1. 插入复选框

要插入复选框,须执行以下操作。

(1) 将插入点置于表单中显示该表单元素的位置。

(2) 选择"插入"→"表单"→"复选框"菜单命令,或单击"插入"面板的表单类别中的"复选框"选项。

2. 设置复选框的属性

勾选表单中的复选框,在属性检查器中根据需要设置复选框的属性。"复选框"的属性检查器如图 8.12 所示。

图 8.12　"复选框"的属性检查器

其中，

（1）Name：名称，为该元素指定一个名称。每个复选框都必须有一个唯一的名称，所选名称必须在该表单内唯一标识该复选框。此名称不能包含空格或特殊字符。其默认名字为 checkbox、checkbox2、checkbox3 等。

（2）Value：值，设置在该复选框被选中时发送给服务器的值。

（3）Checked：指定在浏览器中载入表单时该复选框是否被选中。

3. 复选框的标签

复选框的标签如下。

```
<input type="checkbox" name="checkbox" id="checkbox" value=" " checked=
"checked">
```

其中，type 属性设置为"checkbox"表示复选框。checked 属性设置为"checked"表示此复选框被选中；value 属性表示选中项目后传送到服务器的值。

8.3.4　复选框组

1. 插入复选框组

将插入点放在表单轮廓内。选择"插入"→"表单"→"复选框组"菜单命令，或单击"插入"面板的表单类别中的"复选框组"选项。

完成"复选框组"对话框设置，如图 8.13 所示，然后单击"确定"按钮。

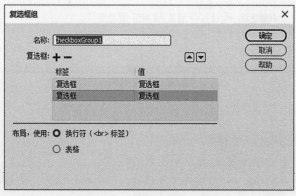

图 8.13　"复选框组"对话框

"复选框组"对话框中的参数介绍如下。

（1）名称：输入复选框组的名称。

（2）标签、值：设置复选框组中各项的标签和选定值。

（3）单击图标＋向该组添加一个复选框。为新复选框输入标签和选定值。单击图标－删除复选框项。

（4）单击向上箭头△或向下箭头▽对这些复选框重新进行排序。

（5）单击"标签"或"值"对应的内容，可以对其进行修改。

（6）布局：对这些复选框进行布局时要使用的格式。可以使用换行符或表格设置这些复选框的布局。如果选择表格选项，Dreamweaver 会创建一个单列表，有几个复选选项就有几行，并将这些单选按钮放在左侧，将标签放在右侧。在"设计"视图下，表格以虚线框显示，在浏览器中浏览页面时看不到表格框线。

2. 复选框组的标签

复选框组的标签如下。

```
<input type="checkbox" name="CheckboxGroup1" value=" " id="CheckboxGroup1_0">
```

在同一个组中的所有复选框必须具有相同的名称，一组中的每个复选选项通过 id 区分。

8.3.5　单选按钮

1. 插入单选按钮

要插入单选按钮，须执行以下操作。

（1）将插入点置于表单中显示该表单元素的位置。

（2）选择"插入"→"表单"→"单选按钮"菜单命令，或单击"插入"面板的表单类别中的"单选按钮"选项。

2. 设置单选按钮的属性

选择表单中的单选按钮，在属性检查器中根据需要设置单选按钮的属性。"单选按钮"的属性检查器如图 8.14 所示。

图 8.14　"单选按钮"的属性检查器

其中，

（1）Name：名称，为该元素指定一个名称。

（2）Value：值，设置在该单选按钮被选中时发送给服务器的值。

（3）Checked：确定在浏览器中载入表单时该单选按钮是否处于选中状态。

3. 单选按钮的标签

在表单中插入单选按钮，其标签如下。

```
<input name="radio" type="radio" id="radio" value=" " checked="checked">
```

其中，type 属性设置为"radio"表示单选按钮。checked 属性设置为"checked"表示此单选按钮被选中；若没有选中单选按钮，则不用写此属性。value属性表示选中项目后传送到服务器的值。

8.3.6 单选按钮组

1. 插入单选按钮组

单选按钮代表互相排斥的选择，通常成组地使用。用户从一组单选按钮组选项中只能选择一个选项，如图 8.15 所示，性别的选择用单选按钮组实现，"男"是当前选中的选项。如果用户选择了"女"，则会自动清除选中"男"按钮。

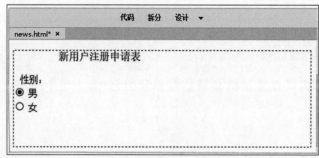

图 8.15 添加单选按钮组

下面是插入单选按钮组的方法。

将插入点放在表单轮廓内。选择"插入"→"表单"→"单选按钮组"菜单命令，或单击"插入"面板的表单类别中的"单选按钮组"选项。

完成"单选按钮组"对话框设置，然后单击"确定"按钮。如图 8.16 所示，"单选按钮组"对话框中各参数的含义与"复选框组"对话框中各参数的含义相同。

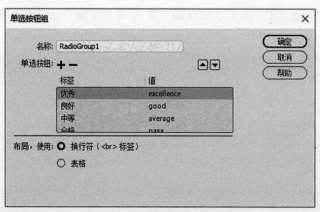

图 8.16 "单选按钮组"对话框

2. 单选按钮组的标签

单选按钮组的标签如下。

```
<input type="radio" name="RadioGroup1" value="excellence " id="RadioGroup1_0">
```

在同一个组中的所有单选按钮必须具有相同的名称，一组中的每个单选项通过 id 区分。单选按钮组的其他属性与单选按钮完全相同。

8.3.7 列表/菜单

在一个滚动列表中显示选项值,用户可以从该滚动列表中选择多个选项。"列表"选项在一个菜单中显示选项值,用户只能从中选择单个选项。在下列情况下使用菜单:只有有限的空间但必须显示多个内容项,或者要控制返回给服务器的值。菜单与文本域不同,在文本域中用户可以输入任何信息,甚至包括无效的数据,对于菜单而言,您可以具体设置某个菜单返回的确切值。

1. 插入列表/菜单

要插入列表/菜单,须执行以下操作。

(1)将插入点置于表单中显示该表单元素的位置。

(2)选择"插入"→"表单"→"选择"菜单命令,或单击"插入"面板的表单类别中的"▤选择"选项,表单中会出现列表/菜单,如图 8.17 所示。

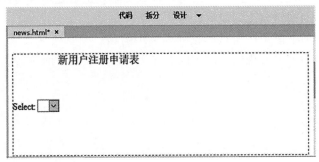

图 8.17　在页面中添加"选择"表单元素

2. 设置列表/菜单的属性

通过属性检查器或代码修改列表/菜单的属性。"选择"的属性检查器如图 8.18 所示。

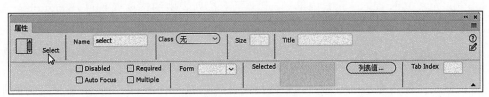

图 8.18　"选择"的属性检查器

"选择"的属性检查器中主要参数介绍如下。

(1)Name:名称,为该列表/菜单指定一个名称,该名称必须是唯一的。

(2)Size:高度,显示的项数,默认值为 1,若设置为大于 1 的整数,将以列表形式呈现。

(3)Multiple:是否可以从列表中选择多个项,勾选此项表示用户可以从列表中选择多个项,按住 Shift 或 Ctrl 键,单击鼠标进行选择。

(4)Selected:初始选定值,设置列表中默认选定的菜单项。单击列表中的一个或多个菜单项。

(5)列表值:单击此按钮打开"列表值"对话框,如图 8.19 所示,在该对话框中可以为列表/菜单添加列表选项。

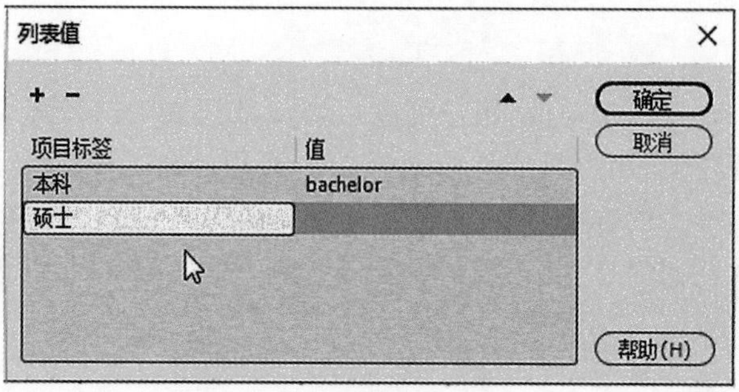

图 8.19　添加列表值

在"列表值"对话框中：

- 使用加号（＋）按钮添加菜单项，输入每个菜单项的标签文本和可选值。列表中的每项都有一个标签（在列表中显示的文本）和一个值（选中该项时，发送给处理应用程序的值）。如果没有指定值，则改为将标签文字发送给处理应用程序。
- 使用减号（－）按钮删除列表中的项。
- 使用向上和向下箭头按钮重新排列列表中的项。菜单项在菜单中出现的顺序与在"列表值"对话框中出现的顺序相同。在浏览器中加载页面时，列表中的第一个项是选中的项。

3. 列表/菜单的标签

列表/菜单的标签如下。

```
<select name="select" id="select">
    <option value=" " selected="selected"> </option>
    <option value=" " > </option>
    …
</select>
```

option 元素位于 select 元素内部，它定义了下拉列表中的选项或条目，＜option＞ 标签中的内容作为 ＜select＞ 标签的菜单或是滚动列表中的一个元素显示。

8.3.8　图像按钮

可以使用图像作为按钮图标。如果使用图像按钮执行任务，则需要将某种行为附加到表单对象。

1. 插入图像按钮

（1）将插入点置于表单中显示该表单元素的位置。

（2）选择"插入"→"表单"→"图像按钮"菜单命令，或单击"插入"面板的表单类别中的"▨ 图像按钮"选项，会出现"选择图像源文件"对话框，在对话框中为该按钮选择图像，然后单击"确定"按钮。一个图像按钮就出现在表单中了。

图像按钮在代码视图中的标签如下。

```
<input name="imageField" type="image" id="imageField" src="img/df.jpg" width="" height="">
```

其中,src 属性指定该按钮要使用的图像,width 属性和 height 属性分别设置图像的宽度和高度。

2. 设置图像按钮的属性

在属性检查器中,根据需要设置图像按钮的属性。如图 8.20 所示是"图像按钮"的属性检查器。

图 8.20　"图像按钮"的属性检查器

其中,

(1) Name:名称,为该图像按钮指定一个名称。

(2) Src:源文件,指定要为该按钮使用的图像。

(3) Alt:替换文本,输入描述性文本,一旦图像在浏览器中加载失败,将显示这些文本。

(4) 宽、高:设置图像按钮的大小。

(5) Form Action:指定将处理提交表单数据的页面,值必须是一个有效的非空 URL,并且会覆盖表单的 action 属性。formaction 属性是<input>标签在 HTML 5 中的新属性,该属性适用于 type="submit"以及 type="image",也就是本节介绍的图像按钮以及下面将要介绍的提交按钮。

(6) Form No Validate:若使用该属性,则提交表单时按钮不会执行验证过程。formnovalidate 属性是 <input>标签在 HTML 5 中的新属性。formnovalidate 覆盖表单的 novalidate 属性。

8.3.9　文件域

文件域可以使用户选择其计算机上的文件,如字处理文档或图形文件,并将该文件上传到服务器。不过,使用文件上传域,需要具有服务器端脚本或能够处理文件提交的页面。文件域的外观与其他文本域类似,只是文件域包含一个"浏览"按钮,如图 8.21 所示,用户通过单击文本框或单击"浏览"按钮选择该文件。

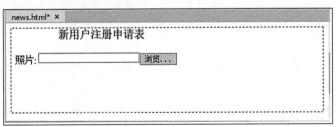

图 8.21　文件域

创建文件域,须执行以下操作。

(1) 在页面中插入表单。

(2) 在表单的属性检查器中将表单的"方法 method"设置为 POST。

（3）在表单的属性检查器中从"编码类型 enctype"列表中选择 multipart/form-data。

（4）在"动作 action"文本框中，指定服务器端脚本或能够处理上传文件的页面。

（5）将插入点置于表单中显示该表单元素的位置。

（6）选择"插入"→"表单"→"文件"菜单命令，或单击"插入"面板的表单类别中的"文件"选项。

（7）在"文件"的属性检查器中根据需要设置相关属性，如图 8.22 所示为"文件域"的属性检查器。Dreamweaver 增强了对表单元素的 HTML 5 支持。其中，Multiple 属性是"文件"表单元素的新属性，支持选择多个文件同时上传（选择文件时要按住 Ctrl 键才能同时选择多个文件）。

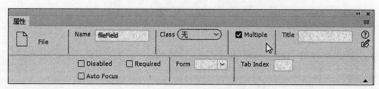

图 8.22 "文件域"的属性检查器

文件域的标签如下。

```
<input type="file" name="fileField" multiple="multiple" id="fileField">
```

其中，type 属性设置为"file"表示文件域。multiple 属性设置为" multiple "表示此文件域支持多个文件同时上传。

8.3.10 按钮

使用按钮可将表单数据提交到服务器，或者重置表单，或者还可以指定其他已在脚本中定义的处理任务。例如，使用按钮根据指定的值计算所选物品的总价。在表单元素中有"按钮"、"提交"按钮、"重置"按钮三种选择。使用"按钮"可以为按钮添加自定义名称或标签，"提交"和"重置"是两个保留名称。用户单击"提交"按钮后会通知表单将表单数据提交给应用程序或脚本处理，而用户单击"重置"按钮后则会将所有的表单域重置为其原始值。

在表单中插入按钮须执行以下操作。

（1）将插入点置于表单中显示该表单元素的位置。

（2）选择"插入"→"表单"→"按钮"菜单命令，或单击"插入"面板的表单类别中的"按钮"。

选择"插入"→"表单"→"提交"按钮菜单命令，或单击"插入"面板的表单类别中的"提交"按钮。

选择"插入"→"表单"→"重置"按钮菜单命令，或单击"插入"面板的表单类别中的"重置"按钮。

在属性检查器中，根据需要设置按钮的属性。这里要特别介绍一下"提交"按钮的属性检查器如图 8.23 所示。

其中，

（1）Value：指定按钮上显示的文本。设计者可以使用默认值，也可以在文本框内输入其他文本。

（2）Form Action：指定将处理提交表单数据的页面，值必须是一个有效的非空 URL。

图 8.23 "提交"按钮的属性检查器

并且会覆盖表单的 action 属性。formaction 属性是 <input> 标签在 HTML 5 中的新属性。如前所述,该属性适用于 type="submit" 以及 type="image"。

（3）Form No Validate：使用该属性,提交表单时按钮不会执行验证过程。formnovalidate 属性是 <input> 标签在 HTML 5 中的新属性。formnovalidate 覆盖表单的 novalidate 属性。

以下是各按钮的标签,其中 type 定义了 input 元素的类型；value 的值应根据实际需要为按钮指定显示文本。

"按钮"表单元素的标签如下。

```
<input type="button" name="button" id="button" value="注册">
```

"提交"按钮的标签如下。

```
<input type="submit" name="submit" id="submit" value="提交">
```

"重置"按钮的标签如下。

```
<input type="reset" name="reset" id="reset" value="重置">
```

8.3.11 其他常用的 input 元素

1. 电子邮件类型

该表单元素是专门用来输入电子邮件地址的文本框。其标签如下。

```
<input type="email" name="email" id="email">
```

其中,type 定义了 input 元素类型为 email。提交表单时如果该输入域中的内容不是 Email 地址格式的文字,则不允许提交表单,但是不检查 Email 地址是否存在。和所有的输入类型一样,用户可能提交带有空字段的表单,除非该字段是必填的。如图 8.24 所示,用户在电子邮件输入框中输入的 Email 地址格式不完整,则提交表单时在浏览器 Chrome 中会给出提示信息。需要注意的是,目前不同浏览器给出的提示信息会有所不同,并且 HTML 5 中没有规定 email 类型的 input 元素（包括以下几个 input 元素）在各浏览器中的外观形式,所以同样的 input 元素在不同的浏览器中可能会有不同的外观。

图 8.24 电子邮件类型输入域的验证

电子邮件类型的表单元素的属性检查器如图 8.25 所示,其中属性的含义参照本章前面所写。

图 8.25　电子邮件类型的表单元素的属性检查器

2. url 类型

url 类型的 input 元素是专门用来输入 url 地址的文本框。

```
<input type="url" name=" " id=" ">
```

其中,type 定义了 input 元素类型为 url,name 和 id 属性的值自定义。提交表单时如果该文本框中内容不是 url 地址格式的文字,则不允许提交表单。如图 8.26 所示,用户在输入域中输入的 url 地址格式不符合 url 地址规则,则提交表单时会在浏览器中给出提示信息。需要注意的是,目前不同浏览器给出的提示信息会有所不同。

图 8.26　url 类型输入域的验证

3. tel 类型

与电子邮件和 url 类型不同,tel 类型的 input 元素是用来输入电话号码的文本框。该元素没有特殊的校验规则,不强制输入数字,设计者可以通过 pattern 属性指定对该输入电话号码格式的验证。

4. 搜索类型

搜索类型的 input 元素是一种专门用来输入搜索关键词的文本框。

```
<input type="search" name="search" id="search">
```

其中,type 定义了 input 元素类型为 search,在搜索框中输入内容时,搜索框的右侧会出现“×”按钮,单击该按钮会清空输入框中的内容,其他与 text 类型没有任何差别,也不绑定任何搜索引擎。

5. 数字类型

数字类型的 input 元素是专门用来输入数字的文本框。

```
<input type="number" name="number" id="number">
```

其中,type 定义了 input 元素类型为 number。提交表单时会检查其中的输入内容是否为数字。如果不是数字,则不能提交表单。如图 8.27 所示,在浏览器 Chrome 中,数字类型显示为一个微调器控件,用户可以在输入框中直接输入一个值,也可以单击微调控件设定一个值。图 8.28 中,用户在 Number 输入框中输入的不是数字,所以提交表单时浏览器给出了提示信息。

图 8.27　number 类型

图 8.28　number 类型输入域的验证

number 类型的属性检查器如图 8.29 所示,它与 Min、Max、Step 属性能很好地协作,以设置可接受的数字限制,输入的值将不能超出给定的最大限制和最小限制,并且根据 Step 中指定的增量来增加。

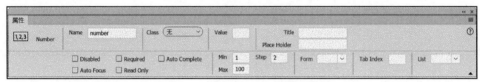

图 8.29　number 类型的属性检查器

数字类型的标签代码如下。

```
<input type="number" name="num1" id="num1" min="10" max="100" step="5">
```

在页面中添加一个数字类型输入框,设置输入框的最小值为 10,最大值为 100,增量为 5,可接受的数量范围为 10~100,如果在该输入框中输入 100,则表单不能提交,同时浏览器会给出提示信息,如图 8.30 所示。

图 8.30　number 类型的输入限制

对于不支持 type="number"的浏览器,会以 type="text"处理。该输入框中的值仍然有效,而对于 min、max 这样的属性就会忽略。

6. 范围类型

范围类型的 input 元素是一个一定范围内数字值的输入控件,显示为滑块,如图 8.31 所示。

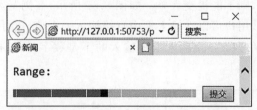

图 8.31　range 输入类型

```
<input type="range" name="range" id="range">
```

其中,type 定义了 input 元素类型为 range。

range 输入类型的属性检查器如图 8.32 所示,其中,Max 属性规定允许的最大值,Min 规定允许的最小值,Step 规定合法数字间隔,Value 规定默认值。默认值为最小值加上最小值和最大值的差值的一半,除非最大值小于最小值,在这种情况下,默认值为最小值。在浏览器中,用滑动条(块)的方式进行值的指定。

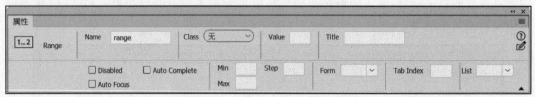

图 8.32　range 输入类型的属性检查器

7. 颜色类型

颜色类型的 input 元素用于提供设置颜色的文本框,它提供了一个颜色选取器,方便用户可视化选取一种颜色。颜色类型的标签如下。

```
<input name="color" type="color" id="color">
```

其中,type 定义 input 元素类型为 color。

例如,通过 HTML 代码:

```
<input type="color" name="search1" value="#FF0000" >
```

在页面中添加一个颜色文本框,默认颜色♯FF0000 代表红色。浏览页面时单击该文本框,会弹出颜色选取器,用户可以从中选取一种颜色,如图 8.33 所示。

8. 日期类表单元素

HTML 5 表单元素中,日期类表单元素类型有月、周、日期、时间、日期时间、日期时间(当地),对于不支持日期类表单元素的浏览器,会以 type="text"处理。下面分别介绍这些日期类表单元素。

(1) type="month"。

```
<input type="month" name="month" id="month">
```

其中,type 定义了 input 元素类型为 month,选取月和年,如图 8.34 所示。

图 8.33 颜色类型使用示例

图 8.34 month 类型使用示例

（2）type="week"。

```
<input type="week" name="week" id="week">
```

其中，type 定义了 input 元素类型为 week，选取周和年，如图 8.35 所示。

图 8.35 week 类型使用示例

（3）type="date"。

```
<input type="date" name="date" id="date">
```

其中，type 定义了 input 元素类型为 date，选取年、月、日，如图 8.36 所示。

（4）type="time"。

```
<input type="time" name="time" id="time">
```

其中，type 定义了 input 元素类型为 time，选取时间（小时和分钟），如图 8.37 所示。

图 8.36   date 类型使用示例

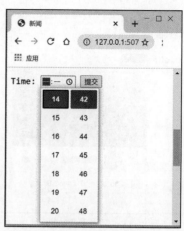

图 8.37   time 类型使用示例

（5）type＝"datetime"。

```
<input type="datetime" name="datetime" id="datetime">
```

其中，type 定义了 input 元素类型为 datetime，选取日期和时间，基于 UTC 时区。

（6）type＝"datetime-local"。

```
<input type="datetime-local" name="datetime-local" id="datetime-local">
```

其中，type 定义了 input 元素类型为 datetime-local，选取日期和时间（本地时间），如图 8.38 所示。

图 8.38   datetime-local 类型使用示例

8.4   验证 HTML 表单数据

"检查表单"行为可检查指定文本域的内容，以确保用户输入了正确的数据类型。Dreamweaver 可添加用于检查指定文本域中内容的 JavaScript 代码，以确保用户输入的数据类型正确。例如,通过 onBlur 事件将此行为附加到各文本域,以便用户填写表单时对域进行检查验证;或使用 onSubmit 事件将此行为附加到表单,以便用户单击"提交"按钮时,同时对多个文本域进行检查,可以防止在提交表单时出现无效数据。

"检查表单"行为仅在文档中已插入了文本域的情况下可用。验证 HTML 表单数据,须执行以下操作。

(1) 创建一个至少包含一个文本域及一个"提交"按钮的 HTML 表单。

(2) 确保要验证的每个文本域具有唯一名称。

(3) 选择验证方法:

• 若要在用户填写表单时分别检查各个域,请选择一个文本域并选择"窗口"→"行为"菜单命令,打开"行为"面板。

• 若要在用户提交表单时检查多个域,在"文档"窗口左下角的标签选择器中单击＜form＞标签并选择"窗口"→"行为"菜单命令,打开"行为"面板。

(4) 在"行为"面板中,单击■按钮,从"添加行为"列表中选择"检查表单"。

(5) 打开"检查表单"对话框,如图 8.39 所示。从"域"列表中选择某个文本域进行验证。

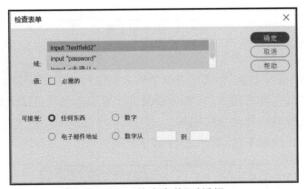

图 8.39　"检查表单"对话框

(6) 设置每个文本域的验证规则。其中:

① "必需的"选项用于设置该域必须包含某种数据。

② "可接受"选项中,

• "任何东西":如果该域是必需的,但不需要包含任何特定类型的数据,则使用"任何东西"。(如果没有选择"必需的"选项,则"任何东西"选项就没有意义了,也就是说,它与该域上的未附加"检查表单"动作一样。)

• "电子邮件地址"检查该域是否包含一个@符号。

• "数字"检查该域是否只包含数字。

• "数字从到"检查该域是否包含特定范围内的数字。

(7) 单击"确定"按钮。

如果在用户提交表单时检查多个域,则 onSubmit 事件会自动出现在"事件"菜单中。

如果要分别验证各个域,则检查默认事件是否为 onBlur 或 onChange。

8.5　上机实践

一、实验目的

（1）掌握表单的创建和表单标签的使用。

（2）熟悉各表单元素及其属性的设置。

（3）能独立制作完成常见的各种表单页面。

二、实验内容及操作提示

（1）制作一个简单的用户登录页面，如图8.40所示。

图8.40　用户登录页面

操作提示：

① 首先在页面中插入表单，然后在表单中插入所需的各表单元素。

② 为了使页面整洁，可使用表格，然后根据设计效果适当调整单元格的相应属性。

③ 插入文本域、密码框和命令按钮等。

（2）制作一个用户注册页面，如图8.41所示。

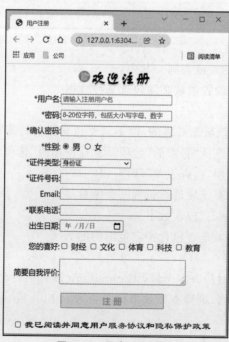

图8.41　用户注册页面

操作提示：

① 首先在页面中插入表单，然后在表单中插入所需的各表单元素。

② 为了页面整洁，可以使用表格布局表单。

③ 如图 8.41 所示的表单中用到了文本域、密码框、列表框、单选按钮、复选框、日期和命令按钮等。

④ 对表单中的用户名和 Email 地址加入表单验证。

8.6　习　　题

一、选择题

1. 在文件域的属性中支持选择多个文件同时上传的属性是（　　　）。

　　A. required　　　　　　　　　　　B. pattern

　　C. multiple　　　　　　　　　　　D. autocomplete

2. 在表单中插入密码域，input 的 type 属性值应为（　　　）。

　　A. name　　　　　　　　　　　　B. password

　　C. password1　　　　　　　　　　D. value

3. 如果要指定一个单行文本域是必须填写内容的，需要用到（　　　）。

　　A. list 属性　　　　　　　　　　B. required 属性

　　C. placeholder 属性　　　　　　D. pattern 属性

4. （　　　）不是文本域的类型。

　　A. 密码　　　　　　B. 多行　　　　　　C. 单行　　　　　　D. 隐藏

5. 在表单标签中，用（　　　）属性提交填写的信息，调用表单处理程序。

　　A. name　　　　　B. title　　　　　C. text　　　　　D. action

6. 下列选项中，不能表示按钮的是（　　　）。

　　A. type＝"button"　　　　　　　B. type＝"submit"

　　C. type＝"reset"　　　　　　　　D. type＝"radio"

7. 下列选项中，用于设置文本域显示宽度的属性是（　　　）。

　　A. type　　　　　B. value　　　　　C. size　　　　　D. maxlength

8. 下列表单元素中，（　　　）可以创建按钮组。

　　A. 单选按钮　　　　B. 文本域　　　　C. 按钮　　　　D. 列表/菜单

9. 检查表单时，（　　　）不属于"可接受"选项组中的选项。

　　A. 时间　　　　　B. 数字　　　　　C. 任何东西　　　　D. 电子邮件地址

10. 当＜input＞标签的 type 属性值为（　　　）时，代表一个复选框。

　　A. button　　　　　B. text　　　　　C. checkbox　　　　D. radio

二、填空题

1. 表单的_____属性用于指定将处理表单数据的页面或脚本。

2. 表单的文本域有 3 种类型，它们是_____、_____和_____。

3. 表单的按钮有 3 种类型，它们是_____、_____和_____。

4. 默认情况下,插入的空白表单会以红色虚线表示,如果该红色虚线未显示,则可以选择_____菜单命令。

5. 在表单中插入文件域,需要将表单的方法设置为_____。

三、简答题

1. 表单元素中,HTML 5 中新类型有哪些?

2. 写出表单的 HTML 标签,并作简单描述。

3. 简述插入表单元素的方法。

4. 怎样实现表单输入信息有效性检查?

5. 简述属性 required、autocomplete、autofocus、list 的作用。

6. 隐藏域的作用是什么?

7. 简述文本域和文本区域的区别。

第 9 章

使用浮动框架与使用多媒体

浮动框架结构可以在一个浏览器窗口中显示多个 HTML 文件。

为了增强网页的表现力,丰富文档的显示效果,网页制作者可以给网页增加音频、视频等多媒体内容。本章讲述如何在网页插入这些多媒体文件。

9.1 浮动框架

在制作过程中我们发现,需要在网页中某处内嵌一个完整的 HTML 文档,才能更好地解决问题。例如,有一个教程是一节一节地展示,在每页末尾做一个"上一节"和"下一节"的链接,除每节教程内容不同外,页面其他部分内容都是相同的,如果一页一页地做页面,过于烦琐。这时,制作者可能希望有一种方法让页面其他地方不变,只将教程做成一页一页的内容页,不含其他内容,单击上下翻页链接时,只改变教程内容部分,其他保持不变。这样不仅节省制作时间,而且以后如果需要更新教程,也很方便,更重要的是,浏览器只下载一次广告 Banner、栏目列表、Logo、导航等几乎每页都有的东西就不用再下载了。

浮动框架可用来解决这种问题。浮动框架技术也称内联框架、页内框架,它将一个 HTML 文档嵌入另一个 HTML 中显示,与这个 HTML 文件内容相互融合,成为一个整体。使用浮动框架可以多次在一个页面内显示同一内容,而不必重复书写 HTML 代码,作一个形象的比喻即"画中画"电视。

iframe 具有以下特点。

(1) iframe 的使用非常灵活。iframe 可以放在网页的任何位置,甚至可以放在表格里。例如:

```
<table>
   <tr>
      <td><iframe id="" src=""></iframe></td><td></td>
   </tr>
</table>
```

(2) iframe 是一个网页中的子框架,两个网页间是父子(嵌套)关系。使用 iframe 在页面中插入一个矩形的小窗口,更利于版面的设计。

目前,大多数浏览器均支持浮动框架,如 IE、Opera 等浏览器。

浮动框架好像文档中的文档,又好像浮动的框架(frame)。HTML 中采用<iframe>标签实现浮动框架,<iframe>标签的属性及其含义如表 9.1 所示。

表 9.1　＜iframe＞标签的属性及其含义

属　性	含　义
src	文件的路径，既可以是 HTML 网页文件，也可以是文本、图片、ASP 等动态程序文件
width	内嵌窗口区域的宽度，单位为像素
height	内嵌窗口区域的高度，单位为像素
scrolling	当 src 指定的 HTML 文件在指定区域不能完全显示时，可以设置滚动选项。如果设置为 No，则不出现滚动条；如为 Auto，则自动出现滚动条；如为 Yes，则显示滚动条
frameborder	内嵌窗口（区域）边框的宽度，单位为像素，常设置为 0

基本语法：

```
<iframe src="url" width="x" height="x" scrolling="[option]" frame-border="x">
</iframe>
```

例如，以下代码：

```
<iframe src="http://www.cup.edu.cn"width="250"height="200"scrolling = "no"
frameborder="0">
</iframe>
```

表示当前网页中＜iframe＞标签位置处嵌入一个宽度为 250 像素、高度为 200 像素并且没有滚动条与边框的矩形窗口。窗口内联显示网址 http://www.cup.edu.cn 所指的网页文件。

又如，代码：

```
<iframe width="300" height="200" align="middle" src="index. html"> </iframe>
```

表示网页中＜iframe＞标签位置处嵌入一个宽度为 300 像素、高度为 200 像素的矩形窗口。窗口内联显示 index.html 网页文件。

【例 9.1】　网页 iframe.html 通过浮动框架技术内嵌网页 libai_moon.html。

网页 libai_moon.html 部分代码如下：

```
<head>
    <title>李白　　月下独酌</title>
</head>
<body>
    <p>李白　　月下独酌</p>
    <p>花间一壶酒 <br />
        独酌无相亲<br />
        举杯邀明月<br />
        对影成三人<br />
        …
    </p>
</body>
```

网页 iframe.html 部分代码如下：

```
<head>
<style type="text/css">
<!--
```

```
     .STYLE2 {font-size: 14px;
            font-family: "黑体";
       }
-->
</style>
</head>
<body>
<table width="43%" height="210" border="0" align="center">
    <tr>
        <td width="32%"> </td>
        <td width="40%">
            <iframe src="libai_moon.html" width="200" height="200"></iframe>
        </td>
        <td width="28%"> </td>
    </tr>
    <tr>
        <td colspan="3"><span class="STYLE2">唐代(公元 618-907 年)是我国古典诗歌
发展的全盛时期。唐诗是我国优秀的文学遗产之一, 也是全世界文学宝库中的一颗灿烂的明珠。
尽管离现在已有一千多年了,但许多诗篇还是为我们所广为流传。</span></td>
    </tr>
</table>
</body>
```

语句<iframe src="libai_moon.html" width="200" height="200"></iframe>位于单元格内,表示此位置为一个宽度为 200 像素、高度为 200 像素的内联框架,显示网页 libai_moon.html。

在 Dreamweaver 2020 的“设计”视图下看不到内联框架中网页的内容,如图 9.1 所示。

唐代(公元618-907年)是我国古典诗歌发展的全盛时期。唐诗是我国优秀的文学遗产之一，也是全世界文学宝库中的一颗灿烂的明珠。尽管离现在已有一千多年了,但许多诗篇还是为我们所广为流传。

图 9.1　“设计”视图效果

例 9.1 的浏览器预览效果如图 9.2 所示。

李白　　月下独酌

花间一壶酒
独酌无相亲
举杯邀明月
对影成三人
...

唐代(公元618-907年)是我国古典诗歌发展的全盛时期。唐诗是我国优秀的文学遗产之一, 也是全世界文学宝库中的一颗灿烂的明珠。尽管离现在已有一千多年了,但许多诗篇还是为我们所广为流传。

图 9.2　例 9.1 的浏览器预览效果

如果不希望显示浮动框架的边框，则可以将边框设置为 0。

9.2 多　媒　体

随着网络的迅速发展，网页多媒体应用日益流行，视频、音频等多媒体文件在网络上的使用使网页的功能更加丰富。很多人除了上网聊 QQ、玩网页游戏外，还通过网站提供的视频进行自主学习。为了增强网页的表现力，丰富文档的显示效果，网页制作者可以给网页增加音频、视频等多媒体内容。本节讲述如何在网页中插入这些多媒体文件。

9.2.1　音频

流媒体指在 Internet/Intranet 中使用流式传输技术的连续时基媒体，如音频、视频或多媒体文件。在网络上传输音/视频（英文缩写为 A/V）等多媒体信息，目前主要有下载和流式传输两种方案。A/V 文件一般都较大，所以需要的存储容量也较大；同时，由于网络带宽的限制，下载常常要花数分钟甚至数小时，所以这种处理方法延迟也很大。流媒体实现的关键技术就是流式传输。采用流式传输时，声音、影像或动画等时基媒体由音视频服务器向用户计算机连续、实时传送，用户不必等到整个文件全部下载完毕，只经过几秒或十几秒的启动延时即可观看。当声音等时基媒体在客户机上播放时，文件的剩余部分将在后台从服务器内继续下载。流式文件不仅使启动延时大为缩短，而且不需要太大的缓存容量。流式传输避免了用户必须等待整个文件全部从 Internet 下载才能观看的缺点。当然，流式文件也支持在播放前完全下载到硬盘。

音频格式指将音源信号按照不同的协议与方法录制和压缩进行处理后形成的声音文件格式。因设计公司和标准的不同，音频文件格式多种多样，表 9.2 展示了网络常用音频格式的特点。

表 9.2　网络常用音频格式的特点

文件格式	主　要　特　点
WAV	WAV 文件（Wave Audio Files，波形声音文件）是微软公司开发的一种声音文件格式，是最早的数字音频格式，用于保存 Windows 平台的音频信息资源，可以从麦克风等输入设备直接录制 WAV 文件。该文件具有较好的声音品质，但因为没有经过压缩，所以文件庞大，不便于网络交流与传播，有时用于网页中较短的声音特效
MIDI	MIDI（Musical Instrument Digital Interface，乐器数字接口）是使用电子合成器制作出来的音乐，采用数字方式对乐器的声音进行记录，播放时再对这些记录进行合成。MIDI 文件非常小，适用于网页背景音乐、游戏软件或手机铃声。网络上各种流行的播放器都支持播放 MIDI
MP3	MP3（MPEG-Audio Layer-3）是采用国际标准 MPEG 中的第三层音频压缩模式对声音信号进行压缩的一种声音格式。MP3 文件压缩比高（每分钟音乐的 MP3 格式只有 1MB 左右，每首歌的大小为 3～4MB），音质较好，制作简单，交流方便，是网络上流行的音乐媒体格式。使用 MP3 播放器或安装插件即可播放 MP3 格式的文件
WMA	WMA（Windows Media Audio）是由微软公司开发的音频格式。WMA 格式具有比 MP3 更高的压缩比（生成的文件大小只有相应 MP3 文件的一半）并支持流媒体技术，可以一边下载一边播放，适合在网络上使用。安装 Windows Media Player 播放器即可播放 WMA 格式的文件

音质最好的是 CD(即通常所说的激光唱片),但其容量太大;最流行的是 MP3,其压缩比高、音质好;网络流行的主流音频媒体格式有.wma、.mp3 等;MIDI 使得人们可以利用多媒体计算机和电子乐器去创作、欣赏和研究音乐;WAV 是微软公司 Windows 本身提供的音频格式,由于 Windows 的影响力,这个格式已经成为事实上的通用音频格式。

添加声音至网页通常有以下两种形式。

1. 链接到音频文件

链接到音频文件是将声音添加到 Web 页面的一种简单而有效的方法。这种集成声音文件的方法可以使访问者能够选择他们是否要收听该文件,并且使文件可用于最广范围的观众。

其操作方法与添加普通超级链接方法相同,只不过链接的目标文件是音频文件。

新建 HTML 文档,保存,插入图片,输入文字,为图片和文字分别添加超级链接,链接目标为 sound 文件夹中的不同格式的音频文件,保存,预览,测试链接。

☞提示:链接到音频文件将受客户端软件的影响,可能出现媒体播放器播放或下载提示。

2. 插入音频文件

插入音频文件是将声音直接并入页面中,可控制音量、播放器在页面上的外观或者声音文件的开始点和结束点等。

使用 Dreamweaver 2020 在网页中插入音频文件的操作如下。

首先,将网页中需要插入的音频文件复制到站点相应文件夹下,然后在文档窗口的“设计”视图中将插入点放置在需要插入音频的位置。选择“插入”→“HTML”→“HTML 5 Audio”菜单命令,打开“选择音频”对话框,选取音频文件,例如 song.mp3 文件,此时“设计”视图中插入一个插件占位符,如图 9.3 所示。

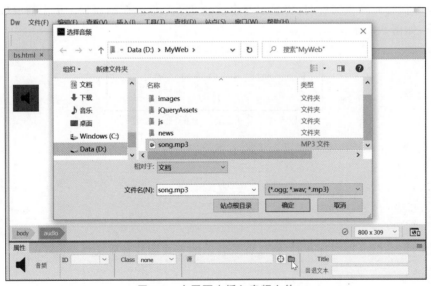

图 9.3　在网页中插入音频文件

选中占位符,还可以添加参数,如图 9.4 所示。例如,不勾选 Controls,网页加载时不会显示播放控制。勾选 Loop 复选框，则音频文件会循环播放。这些设置可以将音频文件用作网页的背景音乐。＜audio＞标签的主要属性及其说明见表 9.3。

图 9.4 音频文件参数设置

表 9.3 ＜audio＞标签的主要属性及其说明

名　　称	含　　义
Autoplay	该属性规定音频或视频文件是否在下载完后就自动播放
Loop	该属性规定音频或视频文件是否循环及循环次数
Controls	该属性规定控制面板是否显示
Muted	音频输出被静音
Preload	音频在页面加载时进行加载，并预备播放。如果使用 Autoplay，则忽略该属性
Src	要播放的音频的 URL

【例 9.2】 在网页中嵌入音乐网页的主要代码如下。

```
<body>
<audio controls>
    <source src="song.mp3" type="audio/mp3">
</audio>
</body>
```

浏览器执行此网页文件时，将显示一个播放音乐文件的控制面板。单击播放按钮，开始播放音乐，如图 9.5 所示。

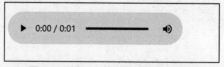

图 9.5 例 9.2 的浏览器显示效果

【例 9.3】 在网页中添加背景音乐的主要代码如下。

```
<head>
    <title>背景音乐</title>
    <bgsound  src="smile.mp3" loop="-1"/>
</head>
```

当此网页在浏览器中打开时，将以背景音乐的方式播放音乐文件 smile.mp3。

9.2.2 视频

在网页中加入视频文件，可以使单调的网页变得更加生动。在网页中使用视频，是网页浏览时播放流媒体的一种应用，但网页中使用的播放器仍然是本地计算机的播放器，最常用的播放器有 Windows 本身附带的媒体播放器 Windows Media Player 和 RealPlayer。

视频格式通常分为本地影像视频和网络流媒体影像视频两类。

本地影像视频的播放稳定性好,画面质量高,在微机上有统一的标准格式,兼容性好,可以不用安装特定播放器即可在计算机上直接播放。缺点是体积较大,在网络上观看与下载有一定困难。这类视频适合于通过光盘或下载到本地计算机后播放。

网络流媒体影像视频适合通过网络进行播放,具有压缩率高、影像图像质量较好等特点。采用流媒体形式,可以一边下载一边播放,先从服务器上下载一部分视频文件,形成视频流缓冲区后实时播放,同时继续下载,从而实现影像数据的实时传送和实时播放。

对于有些网络流媒体影像视频格式的文件,需要安装相应的播放器或解码器才能观看。表 9.4 列出了常用的视频文件格式及其主要特点。

表 9.4　常用的视频文件格式及其主要特点

文件格式	主 要 特 点
AVI	AVI(Audio Video Interleaved,音频视频交错)是微软公司开发的一种数字音频与视频文件格式。它具有调用方便、图像质量好等优点,经常用于在多媒体光盘上保存电影、电视等各种影像信息。缺点是视频文件体积庞大,适合在本地播放,不适合在网络上播放
MPEG	MPEG(Moving Picture Experts Group,动态图像专家组)采用有损压缩方法减少运动图像中的冗余信息,从而达到高压缩比的目的。MPEG 的压缩比较高,同时图像和声音的质量也较好。该格式在微机上有统一的标准格式,兼容性好,目前被广泛应用在 VCD 或 DVD 的制作和一些网络视频片段的下载
WMV(流式视频)	WMV(Windows Media Video)是微软公司开发的在 Internet 上实时传播多媒体的一种技术标准。WMV 的主要优点是支持本地或网络播放;采用流媒体形式,从而实现影像数据的实时传送和实时播放,压缩比高,影像图像的质量较好,目前在网络在线视频中广泛使用。使用 Windows Media Player 即可播放 WMA 格式的文件
RM/RMVB(流式视频)	RM(Real Media)是 RealNetworks 公司开发的一种新型流式视频文件格式。主要优点是压缩比更高,可以根据网络数据传输速率的不同而采用不同的压缩比率,从而实现影像数据的实时传送和实时播放,目前广泛应用在低速率网络上实时传输活动视频影像,需要使用 RealPlayer 等播放器播放
ASF(流式视频)	ASF(Advanced Streaming Format)是微软公司推出的高级流媒体格式,是微软公司为了和 Real Player 竞争而发展出来的一种可以直接在网上观看视频节目的文件压缩格式,它的主要优点是本地或网络回放,可扩充的媒体类型,压缩比和图像的质量较高,使用 Windows Media Player 等播放器播放
FLV(流式视频)	是一种 Flash 格式的视频文件,用于通过 Flash Player 传送与播放。FLV 格式的文件包含经过编码的音频和视频数据,压缩比和图像的质量较高,可以直接在网上观看,是目前网络上较为流行的视频文件格式

使用 Dreamweaver 2020 在网页中插入视频文件的操作如下。

首先,将网页中需要插入的视频文件复制到站点相应文件夹下,然后在文档窗口的设计视图中将插入点放置在需要插入视频的位置。选择“插入”→“HTML”→“HTML 5 Video”菜单命令,打开“选择视频”对话框,选取视频文件,例如 movie.ogv 文件。

此时,设计视图插入一个插件占位符,选择此插件占位符,在“属性”面板中设置相应的属性,如图 9.6 所示。

通过“属性”面板可以设置<video>标签的相关属性,其含义如表 9.5 所示(部分属性参

图 9.6　视频文件参数设置

见表 9.3）。

表 9.5　＜video＞标签的主要属性及其说明

名　称	含　义
H	height,设置视频播放器的高度,单位为像素
W	width,设置视频播放器的宽度,单位为像素
Poster	规定视频下载时显示的图像,或者在用户单击播放按钮前显示的图像
Title	该属性规定音频或视频文件的说明文字

在代码视图下,其主要代码如下所示。

```
<body>
<video controls>
    <source src="movie.ogv" type="video/ogg">
</video></body>
```

9.3　上 机 实 践

一、实验目的

（1）掌握＜iframe＞标签。

（2）掌握在网页中添加＜iframe＞标签的方法。

二、实验内容

制作网页文件 iframe.html,要求添加＜iframe＞标签,使其背景透明,由＜iframe＞嵌入的网页为 myiframe.html。

三、实验步骤

IE 5.5 开始支持浮动框架的内容透明。如果想为浮动框架定义透明内容,则必须满足下列条件。

（1）与 iframe 元素一起使用的 allowTransparency 标签属性必须设置为 true。

（2）在 iframe 内容源文档中,background-color 或 body 元素的 bgColor 标签属性必须设置为 transparent。

具体步骤如下。

首先,新建网页 index.htm 并保存,在代码视图下,定位到＜body＞标签处,修改为如下内容。

```
<body bgcolor="#4026BF">
    <iframe allowTransparency="transparent" src="myiframe.html"></iframe>
</body>
```

接着创建 myiframe.htm 网页,在代码视图下,定位到＜body＞标签处,修改为如下内容。

```
<body bgcolor="transparent">
```

本例代码运行效果如图 9.7 所示,可以看到,iframe 的背景透明了,所以看到的颜色是框架页的背景色。

说明:本例主要是 iframe 对象的 allowTransparency 属性应用,在该属性设置为 true 并且 iframe 所加载页的背景颜色设置为 transparent(透明)时,iframe 将透明化。

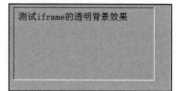

allowTransparency 用于设置或获取对象是否可为透明。

bgColor 用于设置或获取对象的背景颜色。

图 9.7　透明的 iframe 效果

9.4　习　　题

一、选择题

1. 一个有 n 个框架的框架页由(　　)个单独的 HTML 文档组成。

　　A. n　　　　　　　　B. $n-1$　　　　　　　　C. $n+1$　　　　　　　　D. $n+2$

2. 在 Dreamweaver 中,设置各分框架属性时,参数 scroll 用来设置(　　)属性。

　　A. 是否进行颜色设置　　　　　　　B. 是否出现滚动条

　　C. 是否设置边框宽度　　　　　　　D. 是否使用默认边框宽度

3. 在一个框架的"属性"面板中,不能设置(　　)项。

　　A. 源文件　　　　　B. 边框颜色　　　　　C. 边框宽度　　　　　D. 滚动条

4. 有关框架与表格的说法,不正确的有(　　)。

　　A. 框架对整个窗口进行划分　　　　　B. 每个框架都有自己独立的网页文件

　　C. 表格比框架更有用　　　　　　　　D. 表格对页面区域进行划分

5. (　　)不是网络中常用的音乐文件格式。

　　A. MP3　　　　　　B. WAV　　　　　　C. MID　　　　　　D. SWF

二、填空题

1. 在网页中插入浮动框架要用_____标签。

2. HTML 5 中使用_____标签在网页中添加声音文件。

3. HTML 5 中使用_____标签在网页中添加视频文件。

三、简答题

1. ＜iframe＞标签的功能是什么?举例说明该标签的用法。

2. 如何在网页中添加视频文件?

3. 如何给网页添加背景音乐?

第 10 章

CSS

随着 HTML 的广泛应用,HTML 排版和界面效果的局限性日益暴露出来。比如,给网页文件的 HTML 标签设置众多属性值,过多使用嵌套表格进行网页排版,用某种颜色的图片填充网页空隙等,使得网页臃肿、杂乱,最终导致页面加载缓慢。

CSS 的出现是网页设计的一个突破,它解决了网页界面排版的难题。在网页制作中使用 CSS 技术,可以非常灵活并更好地控制页面的外观,包括精确的布局定位,以及特定的字体和样式等。可以说,HTML 的标签主要是定义网页的内容(content),而 CSS 决定这些网页内容如何显示。

CSS 把网页的内容结构和格式控制相分离,有效降低了网页内容的排版、布局难度,改善了纯 HTML 页面中格式控制代码与内容互相交错的问题。CSS 不属于 HTML,而属于 HTML 的辅助语言,是对 HTML 功能的一种扩展,用 CSS 可以给网页添加许多想象不到的效果。

本章学习要点包括样式表的概念,CSS 样式面板及其基本操作方法,创建和使用样式表来美化处理网页的方法。

10.1　CSS 简 介

CSS 的全称是层叠样式表单(Cascading Style Sheets),简称样式表,是 W3C 组织指定的一种网页新技术。CSS 使用一系列规范的格式设置的规则称为样式,并通过样式控制 Web 页面内容的外观及特效。所谓"层叠",是指对同一元素或 Web 页面应用多个样式的能力。例如,可以创建一个 CSS 规则来定义颜色,创建另一个规则来定义边距,然后将两者应用于一个页面中的同一文本。

CSS 3 是 CSS 技术的升级版本,完全向后兼容。CSS 3 语言开发是朝着模块化发展的。以前的规范作为一个模块实在太庞大而且比较复杂,所以,把它分解为一些小的模块,更多新的模块也被加入进来。这些模块包括:盒子模型、列表模块、超链接方式、语言模块、背景和边框、文字特效、多栏布局等。

通常,CSS 样式表是一组样式,可以更加精确地控制页面的整体布局、颜色、字体、链接、背景,以及同一页面的不同部分、不同页面的外观和格式等效果。在网页设计中应用 CSS 不但能极大地增强页面的排版效果,而且还可以减少代码、加快网页下载速度。另外,采用 CSS 技术的网页,其显示效果不会因为访问者的浏览器设置不同而产生变化。

CSS 显著的优点是容易更新,只要对 CSS 规则中定义的样式进行修改,则应用该样式的所有文档都可以自动更新。例如,一个网站的正文文字要由原来的 12px 改为 14px,如果不使用 CSS,则要逐个打开站点的所有页面进行修改,工作量艰巨而且容易出错。如果应用了 CSS,则只需要在 CSS 文件中修改相应的样式,这样,整个网站中应用此 CSS 文件的页面都会更新。

10.2　CSS 的结构和规则

CSS 中的样式由两部分组成:选择器和声明。选择器是标识已设置格式元素(通常是 HTML 标记(如 P、H1 等)、类名称、ID)的术语,而声明则用于定义样式元素使用的规则。

样式规则的组成如下。

选择器 { 属性: 值 }

单一选择器的复合样式声明应该用分号隔开。

选择器 { 属性 1: 值 1; 属性 2: 值 2 }

10.2.1　选择器的类型

CSS 中的选择器主要有以下几种。

1. 标签选择器

以 HTML 标签作为选择器,如标题 h1、段落 p、无序列表 ul、列表项 li 等。标签选择符不需要重新命名,直接引用 HTML 特定标签的名称即可。例如:

```
body { color: blue; }
    p {color: red;}
```

标签选择器的特点是简单、明确,缺点是针对性较差,特别是对于表单元素,因为表单元素大部分使用了<input>标签,但是 type 属性不同,而类型选择器则无法精确匹配 type 属性不同的元素。

【例 10.1】　定义<h1>和<h2>标签的颜色和字体大小。

```
<head>
<title>CSS 例子</title>
<style type="text/css">
    h1 { font-size: x-large; color: red }
    h2 { font-size: large; color: blue }
</style>
</head>
<body>
    <h1>这里是标题 1</h1>
    <h2>这里是标题 2</h2>
    <h1>这里还是标题 1</h1>
</body>
```

本例在浏览器中将用加大、红色字体显示一级标题,用大、蓝色字体显示二级标题。

2. 类别选择器

类别选择器就是为不同元素拥有相同的显示样式而定义的。类别选择器可以精确地控制页面中某个具体的元素,而不管这个元素属于什么类型的标签,同时,一个类别样式可以在多个标签中被引用。因此,类别选择器除拥有标签选择符的影响广泛性外,还具备精确控制页面标签样式的优势,是网页设计时常用的选择器之一。

类别选择器虽然比标签选择器更精确,但是必须把类引用到具体的标签上时才有效,标签在没有设置 class 属性时,所定义的类样式是无效的。

【例 10.2】 类别选择器示例。

```
<head>
<title></title>
<style type="text/css">
<!--
    .newtext {font-family: "幼圆";
            font-size: 18px;
            line-height: 30px;
            color: #660033;
    }
-->
</style>
</head>
<body>
<table width="48%" border="0">
    <tr>
        <td valign="middle"><p>这里是测试文本</p>
        </td>
        <td class="newtext">这里是新的测试文本 </td>
    </tr>
</table>
</body>
```

在上面的示例中,newtext 是类别选择器,介于大括号（{}）之间的所有内容都是声明。可以看出,声明本身也由两部分组成:属性(如 font-size)和值(如 18px)。上述示例创建了名为 newtext 的样式,使用的规则是:字体为幼圆,字号为 18 像素,行距为 30 像素,颜色为 ♯660033。

在网页的第一列单元格中没有应用此样式,但是第二个单元格通过 class＝"newtext"将此样式应用于表格中,其在浏览器中的效果如图 10.1 所示。

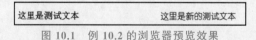

图 10.1　例 10.2 的浏览器预览效果

3. id 选择器

id 是英文 identity 的缩写,表示身份标识号码。id 在网络上一般指用户账号,但是其在 Web 设计中用于指定标签在 HTML 文档中的唯一编号。id 选择器必须以"♯"前缀开始,然后是一个自定义的 id 名。一个 id 选择器所定义的样式可以在多处引用,但是 JavaScript 等脚本遇到这种情况就会出现错误,所以,在定义 id 值时,应该保证其在文档中的唯一性。

在一个 id 属性中不能设置多个 id 值,这与 class 有所不同。与 class 用法一样,在 HTML 文档中,每个元素都拥有 id 属性,id 值的命名规则与 class 的命名规则相同。

【例 10.3】　id 选择器示例。

```
<head>
<title>id选择器</title>
<style type="text/css">
<!--
#header {
        height: 100px;                          /*高*/
        width: 600px;                           /*宽*/
        font-family: "幼圆";
        font-size: 14px;
        color: #000099;
        text-decoration: underline;             /*下画线*/
        border: 1px dotted #666666;             /*设置边框宽度以及颜色*/
}
-->
</style>
</head>
<body>
    <div id="header">位于英格兰的沃里克郡,在埃文河拐角处的一个悬崖上俯瞰着这个世
界,1068年由盎格鲁撒克逊—沃里克郡的征服者威廉创建。17世纪之前,用于防御,之后爵士弗尔
科格雷维尔将其改造为一个乡间别墅。位于英格兰的沃里克郡,在埃文河拐角处的一个悬崖上俯
瞰着这个世界,1068年由盎格鲁撒克逊—沃里克郡的征服者威廉创建。17世纪之前,用于防御,之
后爵士弗尔科格雷维尔将其改造为一个乡间别墅。1759—1978年,格雷维尔担任伯爵期间为格雷
维尔家族所有。1759—1978年,格雷维尔担任伯爵期间为格雷维尔家族所有。</div>
</body>
```

此例中首先定义 #header 样式,然后通过 div 标记的 id="header"属性应用此样式,其在浏览器中效果如图 10.2 所示。

☞ 提示：代码中/*高*/为对 CSS 的注释。

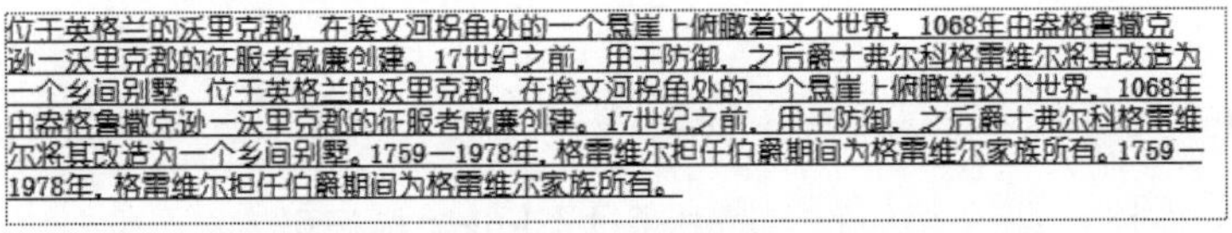

图 10.2　例 10.3 的浏览器预览效果

10.2.2　在网页中引入 CSS

将 CSS 加入网页中有如下 3 种方式：内嵌样式、内部样式表和外部样式表。

1. 内嵌样式

内嵌样式(inline style)是写在 HTML 标记里的,只对所在的 HTML 标记有效。例如下面的代码：

```
<p style="font-size:12pt; color:blue">测试文字</p>
```

这里的 style 定义放在标签<p>里,只有包含在此处的<p>里的文字(测试文字)是12pt 大小,字体颜色是蓝色,其他位置的<p>标签不受影响。

2. 内部样式表

内部样式表（internal style sheet）写在网页 HTML 的代码＜head＞与＜/head＞之间，只对所在的网页有效。在网页中使用内部样式表时要通过＜style＞标记，写法如下。

```
<style type="text/css">
    此处定义 CSS 规则
</style>
```

【例 10.4】 内部样式表示例。

```
<head>
 <style type="text/css">
    H1.ourlayout {border-width:1; border:solid; text-align:center; color:red}
 </style>
</ head>
<body>
    <H1 class="ourlayout"> 这个标题使用了 CSS。 </H1>
    <H1>这个标题没有使用 CSS。 </H1>
</body>
```

此例中，首先以内部样式通过 style 标记将定义的 CSS 规则嵌套在网页的 head 标记中，然后通过 H1 标记的 class 属性应用其效果。

3. 外部样式表

为了减少重复代码量以及增强 CSS 的重用性，通常在网站中将样式写在一个以.css 为后缀的 CSS 文件里，然后在每个需要用到这些样式的网页里引用这个 CSS 文件。CSS 文件也可以说是一个文本文件，比如可以用文本编辑器建立一个名为 mystyle 的文件，文件后缀不要用.txt，改成.css。

文件内容如下。

```
H1.mylayout {border-width: 1; border: solid; text-align: center; color:red}
```

然后在需要使用此 CSS 文件的网页中通过＜link＞标记引入。

【例 10.5】 外部样式表示例。

```
 <head>
    <link href="css/mystyle.css"  rel="stylesheet"  type="text/css">
</head>
<body>
    <h1 class="mylayout"> 这个标题使用了 Style。 </h1>
    <h1>这个标题没有使用 Style。 </h1>
</body>
```

使用外部样式表（External Style Sheet），相对于内嵌样式表和内部样式表，有以下优点。

（1）样式代码可以重复使用。一个外部 CSS 文件可以被很多网页共用。

（2）便于修改。如果要修改样式，只需要修改 CSS 文件，而不需要修改每个网页。

（3）提高网页显示的速度。如果样式写在网页里，会降低网页显示的速度，如果网页引用一个 CSS 文件，这个 CSS 文件多半已经在缓存区，其他网页早已经引用过它，网页显示的速度比较快。

10.3　CSS 样式面板

Dreamweaver 2020 中的 CSS 样式面板内容丰富且功能强大，既列出了定义的样式及属性，又可以通过面板直接编辑和添加新的属性，这对于样式的建立、修改是十分便捷的。

选择"窗口"→"CSS 设计器"菜单命令，或者按 Shift＋F11 组合键，显示出"CSS 设计器"面板，如图 10.3 所示。

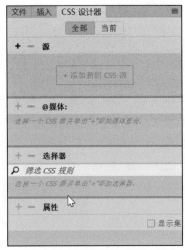

图 10.3　"CSS 设计器"面板

"CSS 设计器"面板提供了对样式文件及样式的一个集成编辑及管理环境，在"CSS 设计器"面板上可直接新建样式表、修改样式等。选择面板顶部的"全部"选项卡，则显示当前页面可使用的所有样式；选择"当前"选项卡，则显示正在使用的样式。

面板的构成包含以下几部分。

- 源：与项目相关的 CSS 文件的集合。
- @媒体：用于控制屏幕大小的媒体查询。
- 选择器：与 @媒体面板中所选媒体查询相关的选择器。
- 属性：与所选选择器相关的属性，提供仅显示已设置属性的选项。

10.4　CSS 样式的建立

10.4.1　创建 CSS 样式

在 Dreamweaver 2020 中创建 CSS 样式的步骤如下。首先打开教程源网页文件 css1.html，然后在"CSS 设计器"面板的"源"窗格中单击 ✚ ，最后在如图 10.4 所示的子菜单中选择合适的命令，其含义见表 10.1。

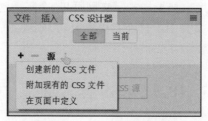

图 10.4　"CSS 设计器"面板

表 10.1　"添加 CSS 源"各项含义

名　　称	说　　明
创建新的 CSS 文件	创建新的 CSS 文件并将其附加到文档
附加现有的 CSS 文件	将现有 CSS 文件附加到文档（具体使用见 10.5 节）
在页面中定义	在文档内定义 CSS

选择"创建新的 CSS 文件"，将显示如图 10.5 所示的"创建新的 CSS 文件"对话框，单击其右上侧的"浏览"按钮，出现如图 10.6 所示的"将样式表文件另存为"对话框，在此对话框中选择文件保存位置后，在对话框下方的"文件名"处输入新建的 CSS 文件名，如图 10.6 所示，本例中输入新建的 CSS 文件名为 new.css。然后单击"保存"按钮。

图 10.5　"创建新的 CSS 文件"对话框

完成图 10.6 的对话框后，会返回图 10.5 所示的"创建新的 CSS 文件"对话框，在"添加为"中选择"链接"或"导入"来确定新建的 new.css 文件与网页的结合方式（参见 10.5 节）。本例中选择"链接"，然后单击"确定"按钮，查看页面源代码，其代码如图 10.7 左侧代码窗口第 6 行所示。

```
<link href="new.css" rel="stylesheet" type="text/css">
```

由于文件路径有所不同，因此 href 属性取值可能不完全一致。

接着单击图 10.7 左侧代码窗口上面的 new.css 文件名，然后在右侧单击"CSS 设计器"面板"源"窗格中的 new.css 文件，在"选择器"窗格中单击 + 号，在下面出现的输入框中输入选择器，本例中输入 h1，其效果如图 10.8 所示。

单击"选择器"窗格中的 h1 在"属性"窗格中设置具体规则，"属性"窗格中的属性分为布局、文本、边框、背景和其他几个类别，并由"属性"窗格顶部的不同图标表示，如图 10.9 所示，本例选择文本类，然后设置需要的属性值，代码窗口中会自动增加这些 CSS 规则，保存

图 10.6 "将样式表文件另存为"对话框

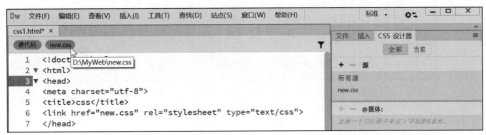

图 10.7 "链接"方式

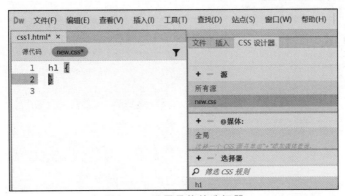

图 10.8 设置具体的选择器

new.css 文件,最后在 css1.html 文件中查看页面效果,如图 10.10 所示,读者可以根据需要增加其他选择器并设置其属性。

选择"在页面中定义"命令,则页面源代码中会增加<style type="text/css"></style>标记,定义的 CSS 规则将嵌套在<style>标记中,这些规则仅对当前页面文件 css1.html 有效。

图 10.9　设置具体的 CSS 属性

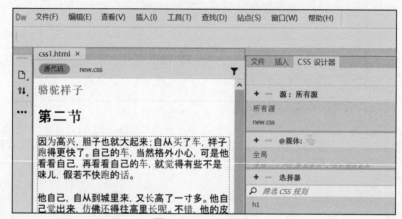

图 10.10　CSS 效果

在本例中，首先单击选中"源"窗格中的＜style＞，接着在下方的"选择器"窗格中单击 ➕ 号，在其下出现的输入框中输入要设置的选择器，例如图 10.11 中输入的是标签选择器 h1。

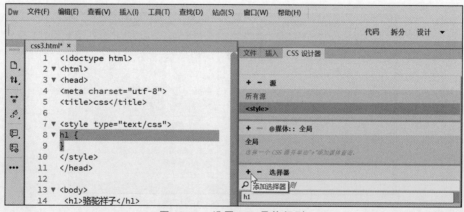

图 10.11　设置 CSS 具体规则

接着单击选中"选择器"窗格中的 h1，在"属性"窗格中设置相关的属性值，本例在"边框"类中设置了＜h1＞标签的边框规则。如图 10.12 所示，在"代码"视图中可以看到如下代码。

```
<style type="text/css">
    h1 {
        border: 3px dotted #300FD4;
    }
</style>
```

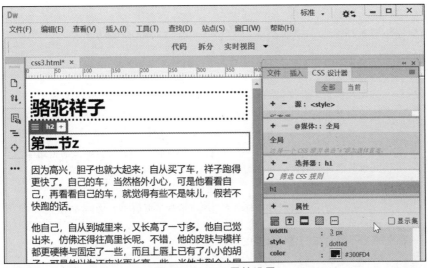

图 10.12　CSS 属性设置

10.4.2 "属性"窗格

在图 10.13 中,"属性"窗格中包含布局、文本、边框、背景、更多类别,它们都有各自具体的参数(参见表 10.2)。先单击某类的具体图标,这样可以快速定位到相关属性,然后根据实际需要设置具体样式。

图 10.13　"CSS 设计器"的"属性"窗格部分属性

表 10.2　CSS 属性分类

类　　别	功　　能
布局	定义定位的类型、位置、填充、边距、宽度、高度等
文本	定义文字的基本字体、类型设置、颜色、阴影等
边框	定义边框样式,包括点线、虚线、实线等
背景	定义可使用的颜色、背景图像等
更多	添加其他属性

1. 定义 CSS"布局"属性

在"属性"窗格中单击"布局"图标，其下侧区域将会显示相应的参数，其部分属性如图 10.13 所示。在此面板主要设置对象的边界、间距、高度、宽度和漂浮方式等。其主要属性的含义见表 10.3。

表 10.3　"布局"分类中主要属性的含义

名　称	说　明
Width、Height（宽和高）	设置元素的宽度和高度。宽和高定义的对象多为图片、表格、层等
Display（显示）	指定是否显示以及如何显示元素。none 表示禁用指定元素的显示
Padding（填充）	指定元素内容与元素边框之间的间距。取消选择"全部相同"选项，可设置元素各个边的填充。可以分别设置 top（上）、right（右）、bottom（下）、left（左）的填充值
Margin（边界）	指定一个元素的边框与另一个元素之间的间距。取消选择"全部相同"复选框，可设置元素各个边的边距。可以分别设置 top、right、bottom、left 边界的值
Position（位置）	确定浏览器应如何定位层。其值分别是： absolute，使用"定位"框中输入的坐标（相对于页面左上角）放置层； relative，使用"定位"框中输入的坐标（相对于对象在文档的文本中的位置）放置层。该选项不显示在"文档"窗口中； static，将层放在它在文本中的位置； fixed，元素是相对于视口定位的，这意味着即使滚动页面，它也始终位于同一位置
Float（浮动）	设置元素浮动方式（如文本、层、表格等）。其他元素按通常的方式环绕在浮动元素的周围。right 表示对象浮在右边，left 表示对象浮在左边，none 表示对象不浮动
Clear（清除）	是否允许元素浮动。 left：表示不允许左边有浮动对象； right：表示不允许右边有浮动对象； both：表示允许两边都可以有浮动对象； none：不允许有浮动对象
Visibility（显示）	确定层的初始显示条件。如果不指定可见性属性，则默认情况下大多数浏览器都继承父级的值。其选项如下。 inherit：继承层父级的可见性属性。如果层没有父级，则它将是可见的； visible：显示层的内容，不管父级的值是什么； hidden：隐藏层的内容，不管父级的值是什么； collapse：如果元素与 table 相关，则它占用的空间会释放
Z-Index（Z 轴）	确定层的堆叠顺序。编号较高的层显示在编号较低的层上面。值可以为正，也可以为负
Opacity	透明度，取值为 0～1

2. 定义 CSS"文本"属性

在"属性"窗格中单击"文本"图标，其下侧区域将会显示相应的参数，其部分属性如图 10.14 所示。

从图 10.14 中可以看出，这里主要是对网页文本各参数的定义，如文本大小、颜色、字体、文本阴影、文字间距、对齐方式、列表标签样式等。其主要属性的含义见表 10.4。

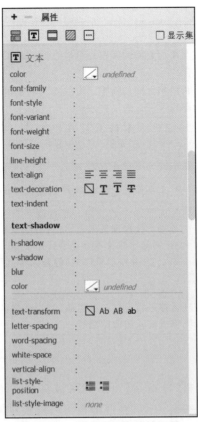

图 10.14 "文本"分类属性设置

表 10.4 "文本"分类中主要属性的含义

名　称	说　明
color	设置文本颜色
font-family	为样式设置字体(font-family)(或字体系列)。浏览器使用用户系统上安装的字体系列中的第一种字体显示文本
font-size	定义文本大小。通过选择数字和度量单位选择特定的大小,也可以选择相对大小
font-style	将 normal(正常)、italic(斜体)或 oblique(倾斜)指定为字体样式。默认设置是 normal
line-height	设置文本所在行的高度。选择 normal 自动计算字体大小的行高,或输入一个确切的值并选择一种度量单位
text-decoration	向文本中添加下画线、上画线或删除线。常规文本的默认设置是 none。链接的默认设置是下画线。将链接设置设为无时,可以通过定义一个特殊的类删除链接中的下画线
font-weight	对字体应用特定或相对的粗体量。normal 等于 400;bold 等于 700
font-variant	设置文本的小型大写字母变量。Dreamweaver 不在"文档"窗口中显示该属性。IE 支持变体属性
text-transform	将所选内容中的每个单词的首字母大写或将文本设置为全部大写或小写

续表

名　称	说　明
word-spacing（单词间距）	设置英文单词之间的间距。可以在其右侧的组合框中输入数值，并且可以选择度量单位
letter-spacing（字母间距）	设置字母或字之间的间距。可以在其右侧的组合框中输入数值，并且可以选择度量单位
vertical-align（垂直对齐）	指定应用它的元素的垂直对齐方式。仅当应用于＜img＞标签时，Dreamweaver才在"文档"窗口中显示该属性
text-align（文本对齐）	设置元素中的文本对齐方式
text-indent（文本缩进）	设置第一行文本缩进。通常，对于段落文本，人们习惯对第一行文本设置缩进
white-space（空格）	确定如何处理元素中的空白。其右侧下拉列表框中的值有：normal 收缩空白；pre 的处理方式即保留所有空白，包括空格、制表符和回车；nowrap 指定仅当遇到＜br＞标签时文本才换行；pre-wrap：保留空白符序列，但是正常进行换行；pre-line：合并空白符序列，但是保留换行符
list-style-type（类型）	设置项目符号或编号的外观
list-style-image（项目符号图像）	可以为项目符号指定自定义图像，值为图像的 URL 地址或路径。单击 url 可以选择图像或输入图像的路径

3. 定义 CSS"边框"属性

在"属性"窗格中单击"边框"图标，其下右侧区域将会显示相应的参数，如图 10.15 所示。在此面板可以设置对象边框的宽度、颜色及样式。

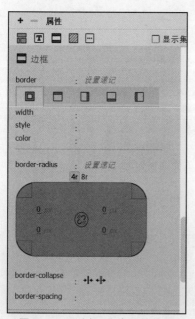

图 10.15　"边框"分类属性设置

其各项的含义如下。

- width（宽度）：设置元素边框的粗细。
- style（样式）：设置边框的样式外观。
- color（颜色）：设置边框的颜色。
- border-radius：设置边框角的半径（可以设置 4 个角或者 8 个角两种样式）。

4. 定义 CSS"背景"属性

在"属性"窗格中单击"背景"图标，其下右侧区域将会显示相应的参数，如图 10.16 所示。在此面板主要对元素的背景进行设置，包括背景颜色、背景图像，以及对背景图像的控制、阴影等。

该对话框中，background-repeat、background-attachment 都是对背景图像而言的，各项含义如下。

- background-repeat：设置背景图像不能填满整个页面时，是否允许背景图像重复及怎样重复，其右侧共有 4 个选项。
- background-attachment：设置背景图像是随页面内容一起滚动还是固定不动。在其右侧值部分单击，弹出的菜单里有两个选项，读者根据需要选择即可。

图 10.16 "背景"样式设置

10.5 使用 CSS 样式

创建好与网页文件关联的 CSS 样式后,就可以将其规则应用到网页中的具体元素中。下面分情况进行介绍。

1. 附加现有的 CSS 文件

使用"CSS 设计器"面板"源"窗格中的"附加现有的 CSS 文件"选项可以将现有的样式表文件以"链接"(推荐)或"导入"方式与当前网页文件建立关联。

如果采用"链接"方式,则查看网页文件源代码视图时会发现,<head>与</head>之间加入了<link>链接 CSS 文件,其中,href 属性中的值就是样式表文件路径和名称(样式表文件的扩展名是.css)。

例如:

```
<head>
    <meta http-equiv="Content-Type" content="text/html;charset=utf-8" />
    <title>测试</title>
    <link href="mytestfont.css" rel="stylesheet" type="text/css" />
</head>
```

如果采用"导入"方式,则查看网页源代码视图时可以看到,<head>与</head>之间加入了<style>导入 CSS 文件,其中,@import url()括号中的值就是样式表文件路径和名称。

例如：

```
<style type="text/css">
    @import url("new.css");
</style>
```

2. 在页面中定义

使用"CSS 设计器"面板"源"窗格中的"在页面中定义"时，设置好样式后，在网页的代码视图下会发现<head>与</head>之间加入了<style type="text/css"></style>标记，中间是定义的具体的 CSS 规则。

例如，有如下代码段。

```
<style type="text/css">
<!--
.myfont {
    font-family: "幼圆";
    font-size: 14px;
    font-weight: bold;
    text-transform: capitalize;
    color: #666666;
    text-decoration: underline;
}
-->
</style>
```

其中，.myfont 是样式名字（当然，样式名字是制作者自己取的），这是一个类选择器；括号{}中的内容是设置的 CSS 属性及其值。制作者在设计 CSS 样式时，也会在 Dreamweaver 代码视图中找到类似这样的代码，只不过样式名字和其具体内容有所不同。

3. 在网页中应用样式

不论是导入、链接，还是在页面中定义，样式表中所定义的样式都会出现在属性检查器的类下拉列表中。选定对象后，对于类选择器，直接在属性检查器的类下拉列表中选用即可。

方法一：在页面中选中要应用样式的对象（如文字或图片等），在属性检查器中找到"类"下拉框，单击下拉列表，从展开的下拉列表中选择样式即可。例如，图 10.17 中，对选定的文本选择 title01 规则。

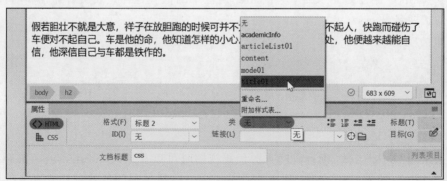

图 10.17　附加样式表

方法二：切换到 Dreamweaver 代码视图下，在需要应用样式的标签中加入 class 属性，如上面例子中样式为. myfont，则要写成 class＝myfont。

对于标签选择器定义的规则，直接应用效果不需要其他设置，而 ID 选择器规则需要对应用规则的元素设置其 ID。

10.6　Dreamweaver 中的 CSS 应用示例

固定背景、背景图像居中

在 Dreamweaver 2020 中打开需要设置背景的网页文件，使用"CSS 设计器"面板"源"窗格中的"在页面中定义"。接着在"选择器"窗格中添加 body 选择器，单击"属性"窗格"中的"背景"图标，设置 background-image 的 url 属性选择页面的背景图片，本例中选择的是 images/22.jpg，接着把 background-attachment 属性设置为 fixed，如图 10.18 所示。

图 10.18　编辑 CSS 标签 body 背景图像

切换到代码视图，发现在＜head＞与＜/head＞之间插入了以下代码：

```
<style type="text/css">
body {
```

```
    background-attachment: fixed;          /* fixed 为固定背景,scroll 为背景滚动 */
    background-image: url(images/22.jpg);  /* 设置背景图像文件 */
}
</style>
```

10.7　CSS 3 应用示例

CSS 3 完全向后兼容,因此设计者不必改变现有的设计。目前主流的浏览器都支持 CSS 3 部分特性。IE 浏览器 IE 9 一开始就支持 CSS 3,Firefox、Chrome 等浏览器目前也支持 CSS 3 技术。CSS 3 在 CSS 2 的基础上改进和添加了新的属性,使得 CSS 3 轻松实现了 CSS 2 中难以实现的效果。CSS 3 给我们带来什么好处呢？简单地说,以前需要使用图片和脚本实现的效果,甚至动画效果,CSS 3 只需要短短几行代码就能搞定,比如圆角、图片边框、文字阴影和盒子阴影、过渡、动画等。CSS 3 简化了前端开发工作人员的设计过程,加快了页面的载入速度。

10.7.1　border-radius 属性

CSS 3 使用 border-radius 属性设置圆角边框。IE 9＋、Firefox 4＋、Chrome、Safari 5＋以及 Opera 等浏览器都支持 border-radius 属性。对于老版的浏览器,border-radius 需要根据不同的浏览器内核添加不同的前缀,比如 Mozilla 内核需要加上“-moz”,而 Webkit 内核需要加上“-webkit”等。

使用说明:

（1）只设置一个值,表示四个圆角都使用这个值。

在 Dreamweaver 2020 中打开需要设置背景的网页文件,使用“CSS 设计器”面板“源”窗格中的“在页面中定义”。接着在“选择器”窗格中添加“.circle”选择器,单击“属性”窗格中的“布局”图标,设置 width 为 300px,height 为 200px,如图 10.19 所示。接着选择“背景”图标,设置 border-radius 的值为 10px,background-color 属性的值为♯FF00FF,如图 10.20 所示。

图 10.19　“布局”相关属性设置

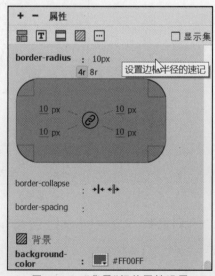

图 10.20　“背景”相关属性设置

最后,在网页中插入一个<div>标签,设置 id 为 zxx1,同时对这个<div>应用刚才设置的.circle 样式,如图 10.21 所示。

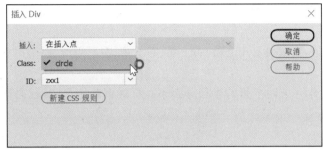

图 10.21　应用.circle 样式

上面的操作中,首先通过 CSS 的相关属性设置宽、高、背景颜色,以及通过 border-radius 属性设置此矩形四个角都是半径为 10px 的圆角矩形。接着使用 div 标记绘制一个 id 为 zxx1 的矩形并对其应用 CSS 样式,其页面代码如下。

```html
<!doctype html>
<html>
<head>
<meta charset="utf-8">
<title>无标题文档</title>
<style type="text/css">
.circle {
    width: 300px;
    height: 200px;
    border-radius: 10px;/* 所有角都使用半径为 10px 的圆角 */
    background-color: #FF00FF;
}
</style>
</head>
<body>
    <div id="zxx1" class="circle">此处显示  class "circle" 的内容</div>
</body>
</html>
```

在浏览器中预览后可得到如图 10.22 所示的效果。

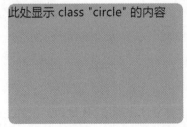

图 10.22　四个角的半径都为 10px 的圆角矩形

(2) 设置两个值,左上角和右下角使用第一个值;右上角和左下角使用第二个值。参考代码如下。

```
border-radius:10px 50px; /*左上角和右下角半径为 10px 的圆角,右上角和左下角半径为
50px 的圆角*/
```

（3）设置三个值,左上角使用第一个值;右上角和左下角使用第二个值,并且相等;右下角使用第三个值。

（4）设置四个值,依次表示左上角、右上角、右下角、左下角的值（顺时针方向）,如图 10.23所示。

【例 10.6】 制作一个四个角的半径分别不一样的圆角矩形,其代码如下。

```
<!doctype html>
<html>
<head>
<meta charset="utf-8">
<title>无标题文档</title>
<style type="text/css">
.circle {
    width: 300px;
    height: 200px;
    border-radius: 10px 40px 60px 80px;
    background-color: #FF00FF;
}
</style>
</head>
<body>
<div id="zxx2" class="circle">此处显示  class "circle" 的内容</div>
</body>
</html>
```

在浏览器中预览后可得到如图 10.24 所示的效果。

图 10.23 设置四个角的半径不同

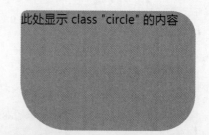

图 10.24 四个角的半径设置不一样的圆角矩形

10.7.2 text-shadow 属性

text-shadow 属性可用来设置文本的阴影效果,如图 10.25 所示。IE 10 以及其他所有主流浏览器均支持该属性。

语法:

```
text-shadow: h-shadow v-shadow blur color
```

图 10.25   文本阴影设置

其中，

- h-shadow：表示阴影的水平偏移距离，其值为正值时阴影向右偏移，反之阴影向左偏移。
- v-shadow：指阴影的垂直偏移距离，如果其值是正值，则阴影向下偏移，反之阴影向上偏移。
- blur：指阴影的模糊程度，其值不能是负值，该值越大，阴影越模糊，反之阴影越清晰。如果不需要阴影模糊，则可以将 Blur 值设置为 0。
- color：指阴影的颜色。

【例 10.7】 对文本添加阴影效果，其代码如下。

```
<!doctype html>
<html>
<head>
<meta charset="utf-8">
<title>text-shadow</title>
<style type="text/css">
.demo {
    width: 340px;
    height: 80px;
    font:bold 55px "微软雅黑";
    text-shadow: 2px 20px 4px blue;
}
</style>
</head>
<body>
<div class="demo">我的阴影文本</div>
</body>
</html>
```

上面的实例中，对文字"我的阴影文本"添加了向右偏移 2px，向下偏移 20px，模糊度为 4px，颜色为蓝色的阴影。文字阴影设置后浏览器效果如图 10.26 所示。

我的阴影文本

图 10.26　文字阴影设置后浏览器效果

10.7.3　box-shadow 属性

box-shadow 是给元素块添加周边阴影效果。IE 9＋、Firefox 4、Chrome、Opera 以及 Safari 5.1.1 都支持 box-shadow 属性。

语法：

```
box-shadow:[inset] h-shadow v-shadow blur spread color
```

其中，

- inset：阴影类型，此参数可选。如不设值，默认投影方式是外阴影；如取其唯一值 inset，则其投影为内阴影。
- h-shadow：阴影水平偏移量，其值可以是正值，也可以是负值。如果值为正值，则阴影在对象的右边；如果值为负值，则阴影在对象的左边。
- v-shadow：阴影垂直偏移量，其值也可以是正值或负值。如果为正值，则阴影在对象的底部；如果为负值，则阴影在对象的顶部。
- blur：阴影模糊半径，此参数可选，但其值只能为正值，如果其值为 0 时，表示阴影不具有模糊效果，其值越大，阴影的边缘越模糊。
- spread：阴影扩展半径，此参数可选，其值可以是正值或负值，如果为正值，则整个阴影都延展扩大；反之，阴影缩小。
- color：阴影颜色，此参数可选。如不设定颜色，浏览器会取默认色，但各浏览器默认取色不一致。

【例 10.8】　给矩形框添加阴影效果，其部分代码如下。

```
<head>
<meta charset="utf-8">
<title>text-shadow</title>
<head>
<style type="text/css">
.myblur{
    height:100px;
    width:300px;
    background:#9da;
    -webkit-box-shadow: 10px 5px 20px #1355C3;
    box-shadow: 10px 5px 20px #1355C3;
}
</style>
 </head>
```

```
<body>
  <div id="zxx2" class="myblur"></div>
</body>
```

例中所示代码,对 id 为 zxx2 的矩形设置了阴影效果,向右水平偏移 10px,向下偏移 5px,阴影模糊半径为 20px,并且阴影颜色为♯1355C3。box-shadow 属性设置阴影后浏览器效果如图 10.27 所示。

图 10.27   box-shadow 属性设置阴影后浏览器效果

10.8 上 机 实 践

一、实验目的

(1) 掌握 CSS 设计器面板的使用。

(2) 掌握内部样式表的创建,并会在网页中应用样式表。

二、实验内容

(1) 制作网页文件 mycss.html,要求超级链接格式如下:字体为宋体,大小为 18px,颜色为蓝色,无下画线,访问后的超级链接的格式如下:字体为宋体,大小为 18px,颜色为"♯23D823",无下画线。

(2) mycss.html 文件对某一个段落应用格式:字体为黑体,大小为 16px,颜色为黑色,文字行间距为 20px,段落具有边框线,线型为点线,大小为 2px,颜色为"♯1DB07A"。

三、实验步骤

(1) 首先,在 Dreamweaver 2020 中单击"新建"菜单新建网页文件,接着保存其为 mycss.html。单击"CSS 设计器"面板的"源"窗格添加 CSS 源,在弹出的菜单中选择"在页面中定义",接着在"选择器"窗格中输入"a:link",然后在下方的"属性"窗格中选择"文本"图标,设置如图 10.28 所示:font-family 为"宋体",font-size 为"18px",color 为"♯0033CC","text-decoration"选择"none"。

(2) 按照步骤(1)定义 a:visited 选择器,其文本相关属性值设置如图 10.29 所示。

(3) 按照步骤(1)定义.myp 选择器,其文本和边框相关属性值设置如图 10.30 和图 10.31 所示。

在 mycss.html 文件中制作一个文本超级链接。其文本为"这是一个超级链接",接着添加一个段落。在设计视图中选中需要设置效果的段落,然后在属性检查器的"类"下拉列表框中选择"myp",如图 10.32 所示。

(4) 保存网页,在浏览器中预览其效果,如图 10.33 所示。

图 10.28　a：link 属性设置

图 10.29　a：visited 属性设置

图 10.30　.myp 选择器的文本设置

图 10.31　.myp 选择器的边框设置

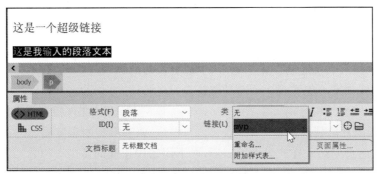

图 10.32　"CSS"面板 td 的属性

图 10.33　浏览器效果

10.9　习　　题

一、选择题

1. 当对一条 CSS 定义进行单一选择符的复合样式声明时,不同属性应该用(　　)分隔。

　　A. ♯　　　　　　　　B. ,(逗号)　　　　　　C. ;(分号)　　　　　　D. :(冒号)

2. CSS 文件的扩展名为(　　)。

　　A. .txt　　　　　　　B. .htm　　　　　　　C. .css　　　　　　　　D. .html

3. 以下的 HTML 语句中,正确引用外部样式表的方法是(　　)。

　　A. ＜style src="mystyle.css"＞

　　B. ＜link rel="stylesheet" type="text/css" href="mystyle.css"＞

　　C. ＜stylesheet＞mystyle.css＜/stylesheet＞

　　D. ＜stylesheet url="mystyle.css"＞＜/stylesheet＞

4. 下列选项中,CSS 语法正确的是(　　)。

　　A. body：color＝black　　　　　　　　B. {body：color＝black(body)}

　　C. body {color：black}　　　　　　　　D. {body；color：black}

5. 下面语句中,把段落字体设置为黑体、18px、红色的是(　　)。

　　A. p{font-family：黑体;font-size：18pc;font-color：red}

　　B. p{font-family：黑体;font-size：18px;font-color：♯ff0000}

　　C. p{font：黑体 18px ♯00ff00}

　　D. p{font：黑体 18px;font-color：red}

6. 设置 text-decoration 属性的删除线的值为(　　)。

　　A. underline　　　　B. overline　　　　　C. line-through　　　D. blink

7. 下面说法中,错误的是(　　)。

A. CSS 样式表可以将格式和结构分离

B. CSS 样式表可以控制页面的布局

C. CSS 样式表可以使许多网页同时更新

D. CSS 样式表不能制作体积更小、下载更快的网页

8. CSS 样式表不可能实现（　　）功能。

A. 将格式和结构分离　　　　　　　　B. 一个 CSS 文件控制多个网页

C. 控制图片的精确位置　　　　　　　D. 兼容所有的浏览器

9. 若要在网页中插入样式表 main.css，以下用法中正确的是（　　）。

A. ＜link href＝"main.css" type＝text/css rel＝stylesheet＞

B. ＜link src＝"main.css" type＝text/css rel＝stylesheet＞

C. ＜link href＝"main.css" type＝text/css＞

D. ＜include href＝"main.css" type＝text/css rel＝stylesheet＞

10. 在 CSS 中要使文本闪烁，text-decoration 属性的取值应该是（　　）。

A. none　　　　　　B. underline　　　　　C. blink　　　　　　D. overline

11. 在 CSS 的文本属性中，文本修饰的取值 text-decoration：underline 表示（　　）。

A. 不用修饰　　　　　　　　　　　　B. 下画线

C. 上画线　　　　　　　　　　　　　D. 横线从字中间穿过

12. 在 CSS 的文本属性中，文本修饰的取值 text-decoration：line-through 表示（　　）。

A. 不用修饰　　　　　　　　　　　　B. 下画线

C. 上画线　　　　　　　　　　　　　D. 横线从字中间穿过

二、填空题

1. 在网页中引入 CSS 的 3 种方法是_____、_____、_____。

2. CSS 的英文名为_____，译成中文的意思为_____。

三、简答题

1. CSS 的全称是什么？

2. 如何将创建的样式表文件附加到网页中？

3. 将 CSS 样式应用到页面中的对象上有哪些方法？

第 11 章

JavaScript 语言

JavaScript 是 Netscape 公司开发,面向 WWW 客户/服务器应用的一个跨平台的基于对象(object)和事件驱动(event driven)并具有安全性能的脚本语言。可以将 JavaScript 直接嵌入 HTML 中,浏览器可以直接解释 JavaScript 语言,通过 JavaScript 语言与 HTML 代码完美结合,实现对 HTML 页面的控制,并对页面某些事件做出反应。

本章简述 JavaScript 脚本语言的基础知识,以及 Dreamweaver 2020 中通过"行为"面板制作典型行为。

11.1　JavaScript 语言基础

11.1.1　JavaScript 的基本特点

JavaScript 具有以下几个基本特点。

1. JavaScript 是一种脚本编写语言

JavaScript 是一种脚本语言,它采用小程序段的方式实现编程。像其他脚本语言一样,JavaScript 同样是一种解释性语言,它提供了一个简易的开发过程。

它的基本结构形式与 C、C++ 、VB 十分类似。但它不像这些语言一样需要先编译,而是在程序运行过程中被逐行地解释。它与 HTML 标识结合在一起,从而方便用户操作。

2. JavaScript 是一种基于对象的语言

这意味着它能运用自己已经创建的对象。因此,许多功能可以来自脚本环境中对象的方法与脚本的相互作用。

3. 简单性

JavaScript 的简单性主要体现在:首先,它是一种基于 Java 基本语句和控制流之上的简单而紧凑的设计,从而对学习 Java 是一种非常好的过渡;其次,它的变量类型为弱类型,并未使用严格的数据类型。

4. 安全性

JavaScript 是一种安全性语言,它不允许访问本地的硬盘,并不能将数据存储到服务器上,不允许对网络文档进行修改和删除,只能通过浏览器实现信息浏览或动态交互,从而有效地防止数据丢失。

5. 动态性

JavaScript 是动态的,它以事件驱动的方式对用户或客户输入做出响应,无须经过 Web

服务程序。所谓事件驱动,是指在主页(home page)中执行了某种操作所产生的动作,也称为"事件"(event)。比如,按下鼠标、移动窗口、选择菜单等都可以视为事件。当事件发生后,可能引起相应的事件响应。

6. 跨平台性

JavaScript 是依赖于浏览器本身,与操作环境无关,只要能运行浏览器的计算机,并支持 JavaScript 的浏览器,就可正确执行。

实际上,JavaScript 最杰出之处在于可以用很小的程序做大量的事。无须有高性能的计算机,JavaScript 仅需一个文字处理软件以及浏览器,无须 Web 服务器通道,通过自己的计算机即可完成所有事情。

综上所述,JavaScript 可以嵌入 HTML 的文件中。JavaScript 语言可以做到响应访问者的需求事件(例如表单的输入),而不用任何网络来回传输,所以,当访问者输入数据时,它不用经过传给服务器(server)处理,再传回来的过程,而是直接被客户端(client)的应用程序所处理。

11.1.2 JavaScript 基本数据结构

JavaScript 脚本语言同其他语言一样,有自身的基本数据类型、表达式和算术运算符,以及程序的基本框架结构。JavaScript 提供了 4 种基本数据类型,用来处理数字和文字,而变量提供存放信息的地方,使用表达式则可完成较复杂的信息处理。

1. 基本数据类型

JavaScript 的 4 种基本数据类型分别是数值(整数和实数)、字符串型(用 " "或'括起来的字符或数值)、布尔型(用 True 或 False 表示)和空值。在 JavaScript 的基本类型中的数据可以是常量,也可以是变量。由于 JavaScript 采用弱类型的形式,因此一个数据的变量或常量不必首先声明,在使用或赋值时确定其数据的类型即可。当然,也可以先声明该数据的类型。

JavaScript 常量的种类及其取值见表 11.1。

表 11.1　JavaScript 常量的种类及其取值

类　　别	取　　值
整型常量	JavaScript 的常量通常又称字面常量,它是不能改变的数据。整型常量可以使用十六进制、八进制和十进制表示其值
实型常量	实型常量由整数部分加小数部分表示,如 12.32、193.98。可以使用科学记数法或标准方法表示,如 5E7、4e5 等
布尔值	布尔常量只有两种状态: True 或 False。它主要用来说明或代表一种状态或标志,以说明操作流程。它与 C++ 是不一样的,C++ 可以用 1 或 0 表示其状态,而 JavaScript 只能用 True 或 False 表示其状态
字符型常量	使用单引号(')或双引号(")括起来的一个或几个字符,如"This is a book of JavaScript" "3245""ewrt234234"等
空值	JavaScript 中有一个空值 Null,表示什么也没有。如试图引用没有定义的变量,则返回一个 Null 值
特殊字符	JavaScript 中同样有一些以反斜杠(\)开头的不可显示的特殊字符,通常称为控制字符

变量的主要作用是存取数据、提供存放信息的容器。对于变量,必须明确变量的命名、变量的类型、变量的声明及其作用域。

(1) 变量的命名。JavaScript 中的变量命名与其他计算机语言非常相似,必须是一个有效变量,即变量以字母开头并且只能由字母、数字、下画线构成。另外,不能使用 JavaScript 中的关键字作为变量名。JavaScript 中定义的关键字是 JavaScript 内部使用的,所以不能作为变量的名称。变量命名最好做到"见名知意"。

(2) 变量的声明及其作用域。在 JavaScript 中,变量可以用命令 var 声明。声明变量格式如下。

```
var <变量> [= <值>];
```

var 是一个关键字,这个关键字用作声明变量。最简单的声明方法是"var <变量>;",这将为<变量>准备内存,给它赋初始值 Null。如果加上"= <值>",则给<变量>赋予自定的初始<值>。例如:

```
var mytest;
```

该例子定义了一个 mytest 变量,但没有为该变量赋值。

```
Var mytest= "This is a book";
```

该例子定义了一个 mytest 变量,同时为该变量赋了值。

变量还有一个重要属性,即变量的作用域。JavaScript 中同样有全局变量和局部变量。全局变量定义在所有函数体之外,其作用范围是整个函数;而局部变量定义在函数体之内,只对该函数是可见的,对其他函数则是不可见的。

2. 表达式和运算符

定义变量后,就可以对它们进行赋值、改变、计算等一系列操作了,这一过程通常通过表达式完成。可以说,表达式是变量、常量、布尔及运算符的集合。表达式可以分为算术表述式、字串表达式、赋值表达式及布尔表达式等。

运算符是完成操作的一系列符号。JavaScript 中有算术运算符,如+、-、*、/等;比较运算符,如!=、==等;逻辑运算符,如!(取反)、|、||;赋值运算符,如=、+=等。

JavaScript 主要有双目运算符和单目运算符。

双目运算符必须有两个操作数,如 50+40、"This"+"that"等。单目运算符只需一个操作数,其运算符可在前或在后。

JavaScript 还有一种三目操作符,主要格式如下:

```
操作数?结果 1:结果 2
```

若操作数的结果为真,则表达式的结果为结果 1,否则为结果 2。

JavaScript 运算符分类见表 11.2。

表 11.2　JavaScript 运算符分类

类　　别	具体运算符
算术运算符	双目运算符:+(加)、-(减)、*(乘)、/(除)、%(取模)、|(按位或)、&(按位与)、<<(左移)、>>(右移)、>>>(右移,零填充) 单目运算符:-(取反)、~(取补)、++(递加 1)、--(递减 1)

续表

类　　别	具体运算符
比较运算符	比较运算符的基本操作过程：首先对它的操作数进行比较，然后再返回一个 True 或 False 值。有 6 个比较运算符：＜（小于）、＞（大于）、＜＝（小于或等于）、＞＝（大于或等于）、＝＝（等于）、!＝（不等于）
逻辑运算符	!（取反）、&＝（与之后赋值）、&（逻辑与）、|＝（或之后赋值）、|（逻辑或）、^＝（异或之后赋值）、^（逻辑异或）、?：（三目操作符）、||（或）、＝＝（等于）、!＝（不等于）

11.1.3　JavaScript 程序的构成

JavaScript 脚本语言由控制语句、函数、对象、方法、属性等实现编程。

1. 控制语句

在任何一种语言中，程序控制流是必需的，它能使得整个程序减小混乱，并顺利地按一定方式执行。表 11.3 展示了 JavaScript 常用的程序控制结构及语句。

表 11.3　JavaScript 常用的程序控制结构及语句

类　　别	说　　明

if 条件语句	基本格式：
	　　if(表述式)
	　　　　语句段 1；
	　　else
	　　　　语句段 2；
	若表达式为 True，则执行语句段 1；否则执行语句段 2。
	if-else 语句是 JavaScript 中最基本的控制语句，通过它可以改变语句的执行顺序。表达式中必须使用关系语句实现判断，它是作为一个布尔值来估算的。
	若 if 后的语句有多行，则必须使用花括号将其括起来

for 循环语句	基本格式： 　　for(初始化；条件；增量) 　　　　语句集； for 语句可实现条件循环，当条件成立时，执行语句集，否则跳出循环体。 初始化参数指明循环的开始位置，必须赋予变量的初值。 条件用于判别循环停止时的条件。若条件满足，则执行循环体，否则跳出。 增量主要定义循环控制变量在每次循环时按什么方式变化。 三个主要语句之间必须使用分号分隔
while 循环语句	基本格式： 　　while(条件) 　　　　语句集； 该语句与 for 语句一样，当条件为"真"时，重复循环，否则退出循环。 使用 for 语句在处理有关数字时更易看懂，也较紧凑；而 while 循环对复杂的语句更适用
break 语句	使用 break 语句使得程序的执行从 for 或 while 循环中跳出
continue 语句	continue 语句使得程序的执行跳过循环内剩余的语句而进入下一次循环

2. 函数

通常,在进行一个复杂的程序设计时,总是根据所要完成的功能,将程序划分为一些相对独立的部分,每部分编写一个函数,从而使各部分充分独立,任务单一,程序清晰、易懂、易读、易维护。JavaScript 函数可以封装那些在程序中可能多次用到,并可作为事件驱动的结果而调用的程序模块,从而实现将一个函数与事件驱动相关联。

JavaScript 函数的定义格式如下。

```
function 函数名 (参数, 变元) {
    函数体;
    return 表达式;
}
```

说明:

- 当调用函数时,所用变量或字面量均可作为变元传递。
- 函数由关键字 function 定义。
- 函数名是函数的名字。
- 参数表是传递给函数使用或操作的值,其值可以是常量、变量或其他表达式。
- 通过指定函数名(实参)调用一个函数。
- 必须使用 return 返回值。
- 函数名区分大小写。

在函数的定义中,函数名后有参数表,这些参数可能是一个或几个。那么,怎样才能确定参数的个数呢? 在 JavaScript 中可通过 arguments.length 检查参数的个数。例如:

```
function function_Name(exp1,exp2,exp3,exp4)
Number=function_Name.arguments.length;
if(Number>1)
    document.write(exp2);
if(Number>2)
    document.write(exp3);
if(Number>3)
    document.write(exp4);
…
```

11.1.4 对象的基本知识

JavaScript 语言是基于对象的(object-based),而不是面向对象的(object-oriented)。之所以说它是一门基于对象的语言,主要因为它没有提供抽象、继承、重载等有关面向对象语言的许多功能,而是把其他语言所创建的复杂对象统一起来,从而形成一个非常强大的对象系统。

虽然 JavaScript 语言是基于对象的,但它还是具有一些面向对象的基本特征。它可以根据需要创建自己的对象,从而进一步扩大 JavaScript 的应用范围,编写功能强大的 Web 文件。

JavaScript 中的对象是由属性(property)和方法(method)两个基本元素构成的。前者是对象在实施其所需要行为的过程中实现信息的装载单位,从而与变量相关联;后者是指对象能够按照设计者的意图而被执行,从而与特定的函数相关联。

一个对象在被引用之前必须存在,要么创建新的对象,要么利用现存的对象,否则引用将毫无意义，会导致出现错误。

JavaScript 不是纯面向对象的语言，它没有提供面向对象语言的许多功能。JavaScript 常用的操作对象的语句、关键词及运算符，如表 11.4 所示。

表 11.4   JavaScript 常用的操作对象的语句、关键词及运算符

名　　称	说　　明

for...in 语句	格式：
	for(对象属性名 in 已知对象名)
	用于对已知对象的所有属性进行操作的控制循环。它将一个已知对象的所有属性反复赋值给一个变量，而不是使用计数器实现，因此无须知道对象中属性的个数即可进行操作。
	例如，下列函数是显示数组中的内容：
	function showData(object)
	for (var X＝0；X＜32；X＋＋)
	　　document.write(object[i])；

with 语句	格式： with object{ …} 在该语句体内，任何对变量的引用都被认为是这个对象的属性，以节省一些代码
this 关键词	this 是对当前的引用
New 运算符	New 运算符可以创建一个新的对象。 格式： newobject＝New Object(Parameters table)； 其中，newobject 是创建的新对象，Object 是已经存在的对象，Parameters table 是参数表；New 是 JavaScript 中的创建对象运算符。 例如，创建一个日期新对象： myData＝New Data()

对象属性的引用可由表 11.5 所示的 3 种方式之一实现。

表 11.5   JavaScript 对象属性的引用

方　　式	说　　明
使用点(.)运算符引用	university.Name＝"云南省" university.City＝"昆明市" university.Date＝"1999" 其中，university 是一个已经存在的对象，Name、City、Date 是它的 3 个属性，并通过操作对其赋值

通过对象的下标实现引用	university[0]＝ "云南省"
	university[1]＝ "昆明市"
	通过数组形式访问属性，可以使用循环操作获取其值。
	function showuniversity(object)
	for (var j＝0；j＜2；j＋＋)
	document.write(object[j])
	若采用 for…in 语句，则不需知道属性的个数就可以实现循环访问：
	function showmy(object)
	for (var prop in this)
	document.write(this[prop])；

方　　式	说　　明
通过字符串的形式实现引用	university["Name"]="云南省" university["City"]="昆明市" university["Date"]－"1999"

JavaScript 中对象方法的引用格式如下。

```
ObjectName.method()
```

下面介绍一些常用对象的属性和方法。JavaScript 提供了一些非常有用的内部对象和方法。用户不需要用脚本实现这些功能,这正是基于对象编程的真正目的。

JavaScript 提供了 string(字符串)、math(数值计算)和 Date(日期)3 种对象和其他一些相关的方法,从而为编程人员快速开发强大的脚本程序提供了非常有利的条件。

JavaScript 中对对象属性与方法的引用有两种情况:当对象是静态对象时,在引用它的属性或方法时不需要为它创建实例;而当该对象是动态对象时,引用它的属性或方法时必须为它创建一个实例。

引用 JavaScript 内部对象,是紧紧围绕着它的属性与方法进行的。因而,明确对象是静态的还是动态的对于掌握和理解 JavaScript 内部对象具有非常重要的意义。

访问属性与方法时,可使用点(.)运算符实现。基本使用格式如下。

```
objectName.property/method
```

串对象只有一个属性,即 length,它表明了字符串中的字符个数,包括所有符号。例如:

```
mytest="This is a JavaScript"
mystringlength=mytest.length
mystringlength 返回 mytest 字符串的长度为 20。
```

串对象的方法主要用于有关字符串在 Web 页面中的显示、字体大小、字体颜色、字符的搜索,以及字符的大小写转换等,其主要方法见表 11.6。

表 11.6　JavaScript 串对象的常用方法

名　　称	说　　明
anchor()	该方法用于创建与 HTML 文件中一样的 anchor 标记,和用 HTML 中的(A Name="")一样。通过下列格式访问: string.anchor(anchorName)
fontsize(size)	控制字体大小。 有关字符显示的控制方法:italics()为斜体字显示,bold()为粗体字显示,blink()为字符闪烁显示,small()为字符用小体字显示,fixed()为固定高亮字显示
toLowerCase()	转换为小写 下面的语句把一个给定的字符串转换成小写: string＝stringValue.toLowerCase

续表

名　　称	说　　明
toUpperCase()	转换为大写 下面的语句把一个给定的字符串转换成大写： string=stringValue.toUpperCase
fontcolor (color)	设置字体颜色
indexOf[character,fromIndex]	字符搜索，从指定的 fromIndex 位置开始搜索 character 第一次出现的位置
substring(start,end)	返回字符串的一部分字符串 从 start 开始到 end 的字符全部返回

除此之外，JavaScript 还有算术函数的 math 对象、日期及时间对象，以及系统函数。JavaScript 中的系统函数又称内部方法，它提供了与任何对象无关的函数，使用这些函数不须创建任何实例，就可以直接使用。

11.1.5　事件驱动及事件处理

JavaScript 是基于对象的语言。这与 Java 不同，Java 是面向对象的语言。而基于对象的基本特征就是采用事件驱动（event-driven）。通常，鼠标或热键的动作称为事件（event），由鼠标或热键引发的一连串程序的动作称为事件驱动（event driver）。对事件进行处理的程序或函数称为事件处理程序（event handler）。

1. 事件处理程序

在 JavaScript 中，对象事件的处理通常由函数完成。可以将前面介绍的所有函数作为事件处理程序。格式如下：

```
function 事件处理名(参数表){
    事件处理语句集；
}
```

2. 事件驱动

JavaScript 事件驱动中的事件是通过鼠标或热键的动作引发的。JavaScript 的主要事件见表 11.7。

表 11.7　JavaScript 的主要事件

事　　件	说　　明
onClick	当用户单击鼠标时，产生 onClick 事件，同时 onClick 指定的事件处理程序或代码将被调用执行。该事件通常在下列基本对象中产生： • button（按钮对象） • checkbox（复选框） • radio（单选按钮） • reset button（重置按钮） • submit button（提交按钮） 例如，可通过下列按钮激活 change()文件： ＜Form＞

事　件	说　明
onClick	＜Input type＝"button" Value＝""onClick＝"change()"＞ ＜/Form＞ 在"onClick＝"后,可以使用自己编写的函数作为事件处理程序,也可以使用 JavaScript 中的内部函数,还可以直接使用 JavaScript 的代码等。例如: ＜Input type＝"button" value＝" " onclick＝alert("这是一个例子");＞
onSelect	当 text 或 textarea 对象中的文字被加亮后,引发该事件
onChange	当用 text 或 textarea 元素输入使得字符值改变时引发该事件,当在 select 表格项中的一个选项状态改变后,也会引发该事件。例如: ＜Form＞ ＜Input type＝"text" name＝"Test" value＝"Test" onChange ＝"check('this.test')"＞ ＜/Form＞
onFocus	当用户单击 text 或 textarea 以及 select 对象时产生该事件。此时该对象成为前台对象
onBlur	当 text 对象、textarea 对象,以及 select 对象不再拥有焦点而退到后台时引发该事件,该事件与 onFocus 事件是对应的关系
onLoad	当文档载入时产生该事件。onLoad 的一个作用是在首次载入一个文档时检测 cookie 的值,并用一个变量为其赋值,使它可以被源代码使用
onUnload	当 Web 页面退出时引发该事件,并可更新 cookie 的状态

11.1.6　JavaScript 应用实例

1. 网页 Email 格式验证

【例 11.1】　主要代码如下。

```
<head>
<title>网页特效|Email 验证</title>
<script language="javascript">
<!-- Begin
function chk(email, formname)
{ invalid = "";
    if (!email)
        invalid = "";
    else {
        if ( (email.indexOf("@") == -1) || (email.indexOf(".") == -1) )
            invalid += "\n\nEmail 地址不合法。应当包含'@'和'.';例如('.com')。请检
查后再递交。";
        if (email.indexOf("your email here") > -1)
            invalid += "\n\nEmail 地址不合法,请检测您的 Email 地址,域名内应当包含'
@'和'.';例如('.com')。";
        if (email.indexOf("\\") > -1)
            invalid += "\n\nEmail 地址不合法,含有非法字符(\\)。";
        if (email.indexOf("/") > -1)
            invalid += "\n\nEmail 地址不合法,含有非法字符(/)。";
        if (email.indexOf("'") > -1)
```

```
            invalid += "\n\nEmail 地址不合法,含有非法字符(')。";
        if (email.indexOf("!") > -1)
            invalid += "\n\nEmail 地址不合法,含有非法字符(!)。";
        if ( (email.indexOf(",") > -1) || (email.indexOf(";") > -1) )
            invalid += "\n\n 只输入一个 Email 地址,不含分号和逗号。";
        if (email.indexOf("?subject") > -1)
            invalid += "\n\n 不要加入'?subject=...'。";
    }
    if (invalid == "")
        return true; }
    else {
        alert("输入的 Email 可能包含错误:" + invalid);
        return false;
    } } // End --> </script> </head>
<body bgcolor="#ffffff">
< form method="post" name="myform" action="#" onSubmit="return chk(document.
myform.email.value)">
<div align="center">
    请输入您的 Email 地址:<input type="text" name="email" value="">
    <input type="submit" name="Submit" value="Submit">
</div> </form> </body>
```

动态网页编程时,输入数据验证必不可少。例 11.1 是一个简化的验证代码,用于验证网页中输入的 Email 格式是否正确。当输入 Email 格式错误时,出现提示,需要浏览者输入正确格式的 Email,其在浏览器中的效果如图 11.1 所示。

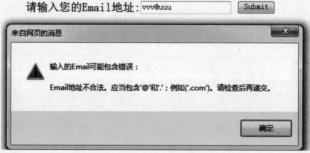

图 11.1　例 11.1 的浏览器效果

2. 在网页中显示计时功能

在网页中如何实现计时功能呢?下面的例子当单击"开始计时!"按钮时,右侧的输入文本框中开始从 0 自动增长计时。

【例 11.2】　无限计时功能主要代码如下。

```
<head>
 <title>网页特效|Email 验证</title>
<script language="javascript">
var c=0
var t
function timedCount()
```

```
{    document.getElementById('txt').value=c
     c=c+1
     t=setTimeout("timedCount()",1000)}
     </script></head>
     <body><form>
         <input type="button" value="开始计时!" onClick="timedCount()">
         <input type="text" id="txt">
         </form>
     <p>请单击上面的按钮。输入框会从 0 开始一直计时。</p>
</body>
```

此代码在浏览器中的显示效果如图 11.2 所示。

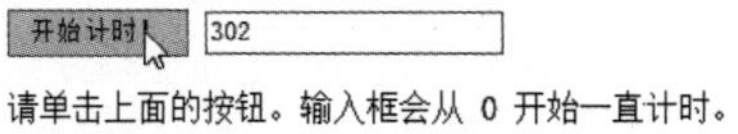

图 11.2　例 11.2 的浏览器显示效果

【例 11.3】　实时倒影时间显示主要代码如下。

```
<head>
<title>无标题文档</title>
<style>
.time { font-size: 12pt; line-height: 14pt; color:red;}
</style>
<SCRIPT language=JavaScript>
<!-- Hiding
var ctimer;
function init(){
    if (document.all){
        tim2.style.left=tim1.style.posLeft;
        tim2.style.top=tim1.style.posTop+tim1.offsetHeight-6;
        settimes();
    }
}
function settimes(){
    var time= new Date();
    hours= time.getHours();
    mins= time.getMinutes();
    secs= time.getSeconds();
    if (hours<10)
        hours="0"+hours;
    if(mins<10)
        mins="0"+mins;
    if (secs<10)
        secs="0"+secs;
    tim1.innerHTML=hours+":"+mins+":"+secs
    tim2.innerHTML=hours+":"+mins+":"+secs
    ctimer=setTimeout('settimes()',960);
}
// Done hiding -->
```

```
</SCRIPT></head>
<body  onload="init()">
<DIV class=time id=tim1
    style="HEIGHT: 20px; LEFT: 50px; POSITION: absolute; TOP: 10px; WIDTH: 10px"
></DIV>
<DIV class=time id=tim2
    style="FILTER: flipv() alpha(opacity=20); FONT-STYLE: italic; POSITION:
absolute"></DIV>
</body>
```

此代码在浏览器中的显示效果如图 11.3 所示。

```
10:28:48
10:38:48
```

图 11.3 例 11.3 的浏览器显示效果

【例 11.4】 文字逐个变色显示网页的主要代码如下。

```
<head>
<title>无标题文档</title>
<script language="JavaScript">
<!-- Begin
text = "欢迎光临网页制作特效站";        //显示的文字
color1 = "blue";                        //文字的颜色
color2 = "red";                         //转换的颜色
fontsize = "6";                         //字体大小
speed = 100;                            //转换速度（单位为毫秒）
i = 0;
if (navigator.appName == "Netscape") {
    document.write("<layer id=a visibility=show></layer><br><br><br>");
}
else {
    document.write("<div id=a></div>");
}
function changeCharColor() {
    if (navigator.appName == "Netscape") {
        document.a.document.write("<center><font face=arial size =" + fontsize
+ "> <font color=" + color1 + ">");
        for (var j = 0; j < text.length; j++) {
            if(j == i) {
                document.a.document.write("<font face=arial color=" + color2
+ ">" + Text.charAt(i) + "</font>");
            }
            else {
                document.a.document.write(text.charAt(j));
            }
        }
        document.a.document.write('</font></font></center>');
        document.a.document.close();
```

```
    }
    if (navigator.appName == "Microsoft Internet Explorer") {
        str = "<center><font face=arial size=" + fontsize + "><font color=" +
color1 + ">";
        for (var j = 0; j < text.length; j++) {
            if( j == i) {
                str += "<font face=arial color=" + color2 + ">" + text.charAt(i)
+ "</font>";
            }
            else {
                str += text.charAt(j);
            }
        }
        str += "</font></font></center>";
        a.innerHTML = str;
    }
    (i == text.length) ? i=0 : i++;
}
setInterval("changeCharColor()", speed);
// End -->
</script></head>
<body></body>
```

网页显示蓝色的"欢迎光临网页制作特效站",同时从第一个字开始,逐个变为红色并迅速变回蓝色,这样不断循环,如图 11.4 所示。

欢迎光临网页制作特效站

图 11.4　例 11.4 的浏览器显示效果

11.2　行　　为

行为是 Dreamweaver 2020 中内置的脚本程序。一个行为由一个事件触发和一个动作组成,因此行为由两个基本元素构成:事件和动作。事件是访问者对网页的某个对象所做的事情,比如把鼠标指针移到某网页的一张图片上,这就产生一个鼠标指针经过的事件。这个事件触发浏览器去执行一段 JavaScript 代码,这就是动作。然后产生了 JavaScript 设计的效果,可能是显示另外一张图片,也可能是打开窗口等,这就是行为。

11.2.1　事件

事件是访问者执行的某种操作,如将鼠标指针移到某个超级链接上,该超级链接就会产生一个 onMouseOver 事件。触发行为的对象可以是文字、图像、表格,甚至是整个页面等,根据选定的触发源的不同,可以有不同的事件,如超级链接有 onMouseOver 和 onClick 等事件,而图像有 onLoad 等事件。不同的浏览器甚至不同版本的浏览器所支持的事件也不尽相同,表 11.8 列出了大多数浏览器所支持的事件。

表 11.8 大多数浏览器所支持的事件

名　称	说　明
onLoad	当图像或页面结束载入时产生
onUnload	当访问者离开页面时产生
onClick	当访问者单击指定的元素（如一个链接、按钮或图像）时产生
onDblClick	当访问者双击指定的元素时产生
onMouseDown	当访问者按下鼠标按键时产生（访问者不必释放鼠标按键即可产生这个事件）
onMouseMove	当访问者在指向一个特定元素并移动鼠标时产生（指光标停留在元素的边界内）
onMouseOut	当光标从特定的元素（该特定元素通常是一幅图像或一个附加于图像的链接）移走时产生。这个事件经常用来和"恢复交换图像"动作关联，当访问者不再指向一个图像时，就把它恢复到初始状态
onMouseOver	当鼠标指针首次指向特定元素时产生（指当光标从不是指向该元素到指向该元素），该特定元素通常是一个链接
onMouseUp	当一个被按下的鼠标按键被释放时产生
onSelect	当访问者在一个文本区域内选择文本时产生
onFocus	当指定的元素变成用户交互的焦点时产生
onBlur	和 onFocus 事件相反，当指定元素不再作为交互的焦点时产生
onError	当浏览器载入页面或图像发生错误时产生
onKeyDown	当用户按下任意键时，在没有释放之前产生
onKeyUp	当用户释放了被按下的键后产生
onMouseWheel	当用户使用鼠标滚轮时产生
onResize	当用户重设浏览器窗口或框架大小时产生

11.2.2 动作

动作是预先编写的 JavaScript 代码，这些代码可以执行特定的任务，如打开浏览器窗口、显示或隐藏层等。

当某个网页元素发生了指定的事件，浏览器就会调用与该事件相关联的动作，如将"弹出消息"动作附加到某个链接并指定事件为 onMouseOver，那么，只要将鼠标指针指向该链接，网页就弹出一个消息对话框。

11.2.3 "行为"面板

"行为"面板是 Dreamweaver 2020 中专门用于管理和编辑行为的面板。在"行为"面板中可以先指定一个动作，然后指定触发该动作的事件，以便将行为添加到页面中。选择"窗口"→"行为"菜单命令或按 Shift＋F4 组合键，可以打开"行为"面板，如图 11.5 所示，其中各项的含义如表 11.9 所示。

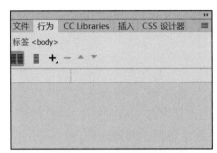

图 11.5　"行为"面板

表 11.9　Dreamweaver 2020"行为"面板按钮含义

图　　标	说　　明
▤▤	只显示当前对象已设置的事件
▤	显示当前对象的所有事件
＋､	单击该按钮会弹出"行为"菜单,如图 11.6 所示
－	单击该按钮将删除在"行为"面板中选择的行为
▲	调整行为触发的顺序,单击该按钮将向上移动所选择的行为
▼	调整行为触发的顺序,单击该按钮将向下移动所选择的行为

如列表中的行为呈灰色显示,则说明所指定的对象不能添加该行为。

当在"行为"面板上单击"＋"按钮添加行为时,会弹出可选用的各种动作,如图 11.6 所示。在该菜单中选择行为后,会弹出相应的对话框,设置完成后将为当前对象添加刚才选择的行为。

图 11.6　添加"行为"

11.2.4　使用 Dreamweaver 2020 添加典型行为

1. 交换图像

交换图像行为通过更改＜img＞标签的 src 属性将一幅图像和另一幅图像进行交换。

因为只有 src 属性受此行为的影响，所以应该换入一个与原图像具有相同尺寸（高度和宽度）的图像。否则，换入的图像显示时会被压缩或扩展，以使其适应原图像的尺寸。

要设置交换图像，首先需要准备两个图像文件，例如 a.jpg 和 b.jpg 文件，在网页中适当的位置插入 a.jpg。然后单击"行为"面板中的"＋"按钮，在弹出的菜单中选择"交换图像"命令，会打开"交换图像"对话框，如图 11.7 所示。

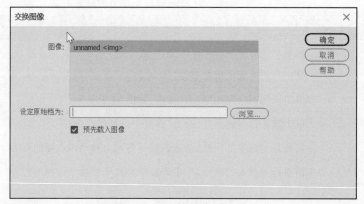

图 11.7　"交换图像"对话框

单击"交换图像"对话框中的"浏览"按钮，选择 b.jpg。勾选"预先载入图像"复选框，在载入页面时将新图像载入浏览器的缓存中，用于防止当图像该出现时由于下载而导致延迟。"恢复交换图像"动作将最后一组交换的图像恢复为它们以前的源文件。每次将"交换图像"动作附加到某个对象时都会自动添加该动作；如果在附加"交换图像"时选择了"恢复"选项，就不需要手动选择"恢复交换图像"动作了。

保存网页，在浏览器中预览网页。当鼠标指针经过 a.jpg 所在的位置时，b.jpg 取代 a.jpg 显示。

2. "恢复交换图像"行为

"交换图像"和"恢复交换图像"经常成对出现，这样就省去了使用人工恢复交换图像的工作。

单击"行为"面板上的"＋"按钮，在弹出的菜单中选择"恢复交换图像"命令，打开如图 11.8 所示的对话框，单击"确定"按钮，即可恢复交换图像。

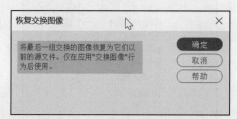

图 11.8　"恢复交换图像"对话框

3. 弹出信息

"弹出信息"行为用于显示一个带有指定消息的 JavaScript 警告。因为 JavaScript 警告只有一个按钮（"确定"按钮），所以使用此动作可以提供信息，而不能为用户提供选择。

可以在文本中嵌入任何有效的 JavaScript 函数调用、属性、全局变量或其他表达式。若要嵌入一个 JavaScript 表达式，请将其放置在大括号（{}）中。若要显示大括号，需要在它前面加一个反斜杠（\{）。

JavaScript 警告的外观是无法控制的，取决于访问者的浏览器。如果希望对信息的外观进行更多的控制，可以考虑使用"打开浏览器窗口"行为。

弹出信息的制作方法如下。

（1）在网页中选中要应用这个行为的对象，如一个按钮、一段文本等。

（2）打开"行为"面板，单击"＋"按钮，在弹出的菜单中选择"弹出信息"命令。在打开的"弹出信息"对话框中的"消息"输入框中输入要在信息框中显示的文字，如图 11.9 所示。输入完毕后，单击"确定"按钮，结束设置。

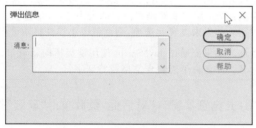

图 11.9　"弹出信息"对话框

4. 打开浏览器窗口

使用"打开浏览器窗口"行为在一个新的窗口中打开 URL。可以指定新窗口的属性、特性（它是否可以调整大小、是否具有菜单栏等）和名称。例如，可以使用此行为在访问者单击缩略图时在一个单独的窗口中打开一幅较大的图像，新窗口与该图像恰好一样大。

如果不指定该窗口的任何属性，在打开时它的大小和属性与打开它的窗口相同。指定窗口的任何属性都将自动关闭所有其他未显式打开的属性。通过以下步骤可添加"打开浏览器窗口"行为。

（1）选择一个对象并打开"行为"面板。

（2）单击"＋"按钮，在弹出的菜单中选择"打开浏览器窗口"命令，打开如图 11.10 所示的"打开浏览器窗口"对话框，其每项含义如表 11.10 所示。

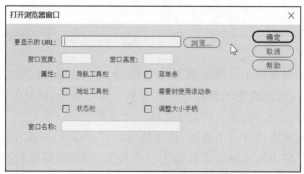

图 11.10　"打开浏览器窗口"对话框

表 11.10　Dreamweaver 2020“打开浏览器窗口”对话框选项含义

名　称	说　明
要显示的 URL	选择一个文件，或输入要显示的 URL
窗口宽度	指定窗口的宽度（以像素为单位）
窗口高度	指定窗口的高度（以像素为单位）
属性	导航工具栏：是一行浏览器按钮（包括“后退”“前进”“主页”和“重新载入”）。 地址工具栏：是一行浏览器选项（包括地址文本框）。 状态栏：是位于浏览器窗口底部的区域，在该区域中显示消息（例如剩余的载入时间，以及与链接关联的 URL）。 菜单条：是浏览器窗口（Windows）或桌面（Macintosh）上显示菜单（如“文件”“编辑”“查看”“转到”和“帮助”）的区域。如果要让访问者能够从新窗口导航，应该设置此选项；否则，在新窗口中用户只能关闭或最小化窗口。 需要时使用滚动条：指定如果内容超出可视区域，应该显示滚动条。如果不设置此选项，则不显示滚动条。如果“调整大小手柄”选项也关闭，则访问者将不容易看到超出窗口原始大小以外的内容（虽然可以拖动窗口的边缘使窗口滚动）。 调整大小手柄：指定用户能够调整窗口的大小，方法是拖动窗口的右下角或单击右上角的最大化按钮。如果未设置此选项，则调整大小控件将不可用，右下角也不能拖动
窗口名称	新窗口的名称。如果要通过 JavaScript 使用链接指向新窗口或控制新窗口，则应该对新窗口进行命名。此名称不能包含空格或特殊字符

根据实际需要设置“打开浏览器窗口”对话框，最后单击“确定”按钮。

5. 改变属性

使用“改变属性”行为可更改对象某个属性（例如，div 的背景颜色或表单的动作）的值。

☞提示：建议比较熟悉 HTML 和 JavaScript 的人员使用此行为。

要添加此行为，首先选择一个对象，然后单击“行为”面板中的“＋”按钮，在弹出的菜单中选择“改变属性”命令，打开如图 11.11 所示的对话框。

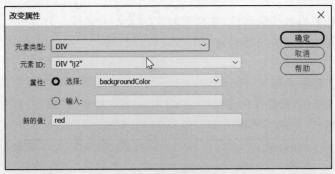

图 11.11　“改变属性”对话框

“元素类型”下拉列表框中一般是网页中常用的 HTML 标签，从“元素类型”菜单中选择某个元素类型，以显示该类型的所有标识的元素。然后在“元素 ID”下拉列表框中展示网页中此类型的元素对象，从“元素 ID”菜单选择一个元素。

接着从“属性”菜单中选择一个属性，或选择“输入”单选框，在框中输入该属性的名称。

最后在“新的值”域中为选择的属性输入一个新值。单击“确定”按钮，验证默认事件是否正确。

6. 效果

效果是视觉增强功能，它们可应用于使用 JavaScript 的 HTML 页面上几乎所有的元素。效果通常用于在一段时间内高亮显示信息，创建动画过渡或者以可视方式修改页面元素。可以将效果直接应用于 HTML 元素，而无须其他自定义标签。

☞提示：要向某个元素应用效果，该元素当前必须处于选定状态，或者它必须具有一个 ID。例如，如果要向当前未选定的 div 标签应用高亮显示效果，该 div 必须具有一个有效的 ID 值。如果该元素尚且没有有效的 ID 值，则需要向 HTML 代码中添加一个 ID 值。

下面以 Shake 晃动效果为例，设置效果。

（1）选择要应用效果的内容或布局元素（可选）。本例中选择如图 11.12 所示中的"我的标题 2 号"（这是一个 2 号标题元素）

（2）在"行为"面板中，单击"＋"按钮，在弹出的菜单中选择"效果"→"Shake"命令，打开如图 11.12 所示的对话框。

图 11.12　添加"增大/收缩"效果行为

其各项说明如下。

- 目标元素：用于选择元素的 ID。如果已选择元素，请选择"＜当前选定内容＞"。
- 效果持续时间：定义出现此效果所需的时间，以 ms 为单位。
- 方向：选择要应用的 Shake 的方向。
- 距离：输入晃动的距离。
- 次：晃动效果的次数。

同一元素可以关联多个效果行为，得到的结果将非常有趣。

7. 显示-隐藏元素

"显示-隐藏元素"行为可显示、隐藏或恢复一个或多个页面元素的默认可见性。此行为用于在用户与页面进行交互时显示信息。例如，当用户将鼠标指针移到一个动物图像上时，可以显示一个页面元素，此元素给出有关该动物的生活习性和生活区域等详细信息。此行为仅显示或隐藏相关元素，在元素已隐藏的情况下，它不会从页面流中实际上删除此元素。

（1）首先，选择一个对象（例如＜body＞标签或某个链接（＜a＞）标签），然后单击"行为"面板中的"＋"按钮，在弹出的菜单中选择"显示-隐藏元素"命令。

（2）接着从"元素"列表中选择要显示或隐藏的元素，单击"显示""隐藏""默认"（恢复默认可见性）。

（3）对其他所有要更改其可见性的元素重复步骤②（可以通过单个行为更改多个元素的可见性）。

（4）最后单击"确定"按钮，验证默认事件是否正确。

8. 检查表单

此动作能够检测用户填写的表单内容是否符合预先设定的规范。这样可以在表单被提交之前找出填写错误的地方，提示用户重新输入，避免了表单提交后再交给服务器端去检测输入的正确性，而在客户端就完成了检测，减轻了服务器的负担，避免了对网络的占用。

注意：与改变属性动作一样，本动作也建议在使用前先为要检查的表单元素命名，以便在命名的栏位中方便准确地找到此元素。另外，此动作一般使用的事件为 onSubmit，在表单提交时检查。方法是：先选择整个表单，然后设置此动作，这样动作就会自动附加到标记，并默认事件为 onSubmit。

9. 调用 JavaScript

"调用 JavaScript"行为在事件发生时执行自定义的函数或 JavaScript 代码行（可以使用事先编写的 JavaScript 代码，也可以使用 Web 上各种免费的 JavaScript 库中提供的代码）。

其操作步骤如下：首先选择一个对象，然后单击"行为"面板中的"＋"按钮，在弹出的菜单中选择"调用 JavaScript"命令，打开如图 11.13 所示的对话框。

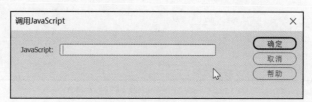

图 11.13　添加"调用 JavaScript"行为

在图 11.13 中的 JavaScript 文本框中输入要执行的 JavaScript 代码或函数的名称。

例如，若要创建一个"后退"按钮，可以输入 if (history.length＞0){history.back()}。如果已将代码封装在一个函数中，则只需输入该函数的名称（例如 myGoBack()）。

最后单击"确定"按钮，保存网页，通过浏览器验证默认事件是否正确。

10. 跳转菜单

此动作的功能与"插入"面板中的"跳转菜单"的功能完全一样，Dreamweaver 创建一个菜单对象并向其附加一个"跳转菜单"行为，其设置方法相同。

通过以下两种方式中的任意一种编辑现有的跳转菜单。

（1）在"行为"面板中双击现有的"跳转菜单"行为，编辑和重新排列菜单项，更改要跳转到的文件，并更改这些文件的打开窗口。

（2）通过选择该菜单并使用"属性"检查器中的"列表值"按钮，可以在菜单中编辑这些项，就像在任何菜单中编辑项一样。

11. 跳转菜单开始

此动作用来设置或改变一个带跳转按钮的下拉菜单的索引。当页面中有多个下拉菜单时，它可以决定跳转按钮根据哪一个下拉菜单选择要跳转到的页面。参数只有"选择跳转菜单"，以从页面中的所有跳转菜单中选择需要的即可。

12. 转到 URL

此动作可使页面转到另外一个地址，如图 11.14 所示。

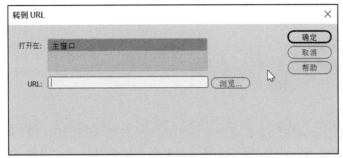

图 11.14　添加"转到 URL"行为

该动作只有两个选项：第一个是"打开在"，需要在列表中选择打开窗口，一般情况下只有"主窗口"，当页面为框架结构时，列表中会出现多个框架窗口名；第二个是 URL，输入要转到的 URL 地址，也可以通过"浏览"按钮选择本地文件。

13. 预先载入图像

使用"预先载入图像"行为，可以将暂时不在页面上显示的图像加载到浏览器缓存中。此动作用来让网页预先载入某些图像，以使当页面需要显示这些图像时，用户不用等待图像下载，使得页面的动态效果更加流畅。使用含有较多图像的对象时，可以将所用的图像预先下载到浏览器缓存中，以提高显示的速度和效果。

要使用 Dreamweaver 预先载入图像行为，请执行以下操作。

首先打开文档，选择一个对象，打开"行为"面板。单击"+"按钮，在弹出的菜单中选择"预先载入图像"命令，打开"预先载入图像"对话框，如图 11.15 所示。

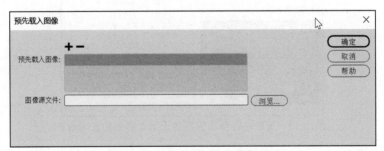

图 11.15　添加"预先载入图像"行为

在"图像源文件"文本框中输入图像文件的 URL 地址，或者单击"浏览"按钮，选取要预先加载的图像文件。

然后单击顶部的"+"按钮，向"预先载入图像"添加一个文件空位。在"图像源文件"文本框中添加新的图像文件的 URL 地址。重复单击"+"按钮和"浏览"按钮，可以添加更多的图像文件。在"预先载入图像"中单击一个图像文件，再单击顶部的"－"按钮，可以删除一个图像文件。

☞提示：如果在"交换图像"对话框中选取了"预先载入图像"选项，交换图像动作将自动预先加载高亮图像，因此，当使用"交换图像"时，不再需要手动添加"预先载入图像"。

11.3　上机实践

一、实验目的

（1）掌握行为的概念。

（2）掌握添加、修改和删除行为的方法。

（3）掌握典型的行为的应用。

二、实验内容

（1）打开文件 run.html，要求给网页添加弹出消息与"转到 URL"行为。

（2）然后进行适当的设置，使得网页在浏览器中加载时只显示图像，鼠标指针放在图像上时显示右侧的文字，鼠标指针离开后文字隐藏，如图 11.16 和图 11.17 所示。

图 11.16　网页加载时浏览器中的显示效果

图 11.17　鼠标指针移动到图像上浏览器中的显示效果

单击"弹出消息"文本后，弹出任意文字消息。单击"点击我转到 sohu 网站"文本后，搜狐网首页直接在当前窗口打开。

三、实验步骤

制作"显示-隐藏"行为，具体步骤如下。

（1）单击网页左边的图像，然后使用右侧的"行为"面板增加"显示-隐藏元素"命令，在打开的对话框中选择"div 'text2'"，然后单击"显示"按钮，其设置如图 11.18 所示。接着单击"确定"按钮，打开"行为"面板，如图 11.19 所示。

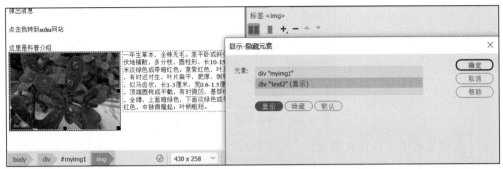

图 11.18　隐藏元素的设置

图 11.19　"行为"面板内容 1

（2）在图 11.19 中单击"事件"下拉菜单，将触发动作的事件从 onClick 修改为 onMouseOver。然后，再次选中图像，使用右侧的"行为"面板增加"显示-隐藏元素"命令，在打开的对话框中选择"div 'text2'"，然后单击"隐藏"按钮，其设置如图 11.20 所示。接着单击"确定"按钮，打开"行为"面板，如图 11.21 所示。

图 11.20　"设计"视图效果

图 11.21　"行为"面板内容 2

（3）在图 11.21 中单击"事件"下拉菜单，将触发动作的事件从 onClick 修改为 onMouseOver。单击 onClick，在出现的菜单中选择 onMouseOut。修改后的"行为"面板如图 11.22 所示。

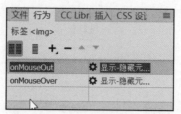

图 11.22　修改后的"行为"面板

（4）在浏览器中可以预览到效果：当鼠标指针移入图像时，显示相关说明文本信息；当鼠标指针移出图像时，隐藏说明文本信息。

（5）要在"设计"视图中选中"弹出消息"，首先打开"行为"面板，单击"＋"按钮，在弹出的菜单中选择"弹出信息"命令。然后在"弹出信息"对话框的"消息"文本框中输入相应的文本，最后单击"确定"按钮保存。

（6）选中"点击我转到 sohu 网站"，打开"行为"面板，单击"＋"按钮，在弹出的菜单中选择"转到 URL"命令，在打开的对话框中按图 11.23 所示输入。

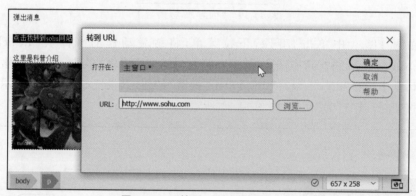

图 11.23　"转到 URL"对话框设置

保存网页，在浏览器中预览并测试效果。

11.4　习　　题

一、选择题

1. 下列不是访问者对网页的基本操作是（　　）。
   A. onMouseOver　　　B. onMouseOut　　　C. onClick　　　　　D. onLoad
2. 下列关于"行为"面板的说法，错误的是（　　）。
   A. 动作是一个菜单列表，其中包含可以附加到当前所选元素的多个动作
   B. 删除（一）是从行为列表中删除所选的事件和动作
   C. 上、下箭头按钮是将特定事件的所选动作在行为列表中向上或向下移动，以便按定义的顺序执行
   D. "行为"面板通过快捷键 Shift＋F3 打开
3. 下列关于"行为"的说法，不正确的是（　　）。
   A. 行为就是事件，事件就是行为

B. 行为是事件和动作的组合

C. 行为是 Dreamweaver 预置的 JavaScript 程序库

D. 通过行为可以改变对象属性、打开浏览器和播放音乐

二、填空题

1. Dreamweaver 2020 中用于图像的行为有＿＿＿＿、＿＿＿＿、＿＿＿＿等。

2. 行为由两部分组成,即＿＿＿＿和＿＿＿＿,通过＿＿＿＿响应进而执行对应的＿＿＿＿。事件用于指明＿＿＿＿,动作实际上是事件的响应。

3. 在 Dreamweaver 2020 中,打开"行为"面板的快捷键是＿＿＿＿。

4. JavaScript 是基于对象(object-based)的语言,Java 是面向＿＿＿＿的语言,而基于对象的基本特征就是采用＿＿＿＿驱动。

三、简答题

1. 简述行为的概念及其特点。

2. 简述什么是事件。

图书资源支持

感谢您一直以来对清华版图书的支持和爱护。为了配合本书的使用，本书提供配套的资源，有需求的读者请扫描下方的"书圈"微信公众号二维码，在图书专区下载，也可以拨打电话或发送电子邮件咨询。

如果您在使用本书的过程中遇到了什么问题，或者有相关图书出版计划，也请您发邮件告诉我们，以便我们更好地为您服务。

我们的联系方式：

清华大学出版社计算机与信息分社网站：https://www.SHUIMUSHUHUI.com/

地　　址：北京市海淀区双清路学研大厦 A 座 714

邮　　编：100084

电　　话：010-83470236　　010-83470237

客服邮箱：2301891038@qq.com

QQ：2301891038〔请写明您的单位和姓名〕

资源下载： 关注公众号"书圈"下载配套资源。

资源下载、样书申请

图书案例

书圈

清华计算机学堂

观看课程直播